Abdul-Samad U. Hassan

O vinagre de sidra de maçã como mistura de tratamento para a cabeça e os piolhos

Abdul-Samad U. Hassan

O vinagre de sidra de maçã como mistura de tratamento para a cabeça e os piolhos

ScienciaScripts

Imprint

Any brand names and product names mentioned in this book are subject to trademark, brand or patent protection and are trademarks or registered trademarks of their respective holders. The use of brand names, product names, common names, trade names, product descriptions etc. even without a particular marking in this work is in no way to be construed to mean that such names may be regarded as unrestricted in respect of trademark and brand protection legislation and could thus be used by anyone.

Cover image: www.ingimage.com

This book is a translation from the original published under ISBN 978-620-2-31000-0.

Publisher:
Sciencia Scripts
is a trademark of
Dodo Books Indian Ocean Ltd. and OmniScriptum S.R.L publishing group

120 High Road, East Finchley, London, N2 9ED, United Kingdom
Str. Armeneasca 28/1, office 1, Chisinau MD-2012, Republic of Moldova, Europe
Printed at: see last page
ISBN: 978-620-3-46357-6

ÍNDICE DE CONTEÚDOS

Capítulo 1   3

Capítulo 2   10

Capítulo 3   13

Capítulo 4   23

Resumo:

O presente estudo demonstrou um efeito positivo do óleo de argão e do vinagre de sidra de maçã misturados com água pura RO na cura de piolhos, doença, uma vez que foi a melhor concentração da planta é de 50% e o nível de significância p> 0,05 após a adição de óleo de argão por 1/200. A experiência também mostrou que não afectou as transacções da cutícula aplicáveis a esta mistura e, em vez disso, verificou que o impacto direto desta solução está centrado no sistema respiratório dos piolhos para levar a um sufocamento com tecido competente rígido e sem quaisquer efeitos secundários mencionados durante o tratamento do hospedeiro. Tal como muitos outros remédios à base de plantas, é possível que o consumo de vinagre de sidra de maçã tenha benefícios reais que só agora estão a ser explorados, incluindo possíveis efeitos sobre a diabetes, o colesterol, o cancro e, sim, a importante perda de peso. Mas estes estudos são pequenos e apenas "sugestivos", e não foi efectuado qualquer trabalho sobre as quantidades adequadas a consumir. O consumidor sensato pode muito bem querer esperar por estudos mais pormenorizados. Outros nomes para o ACV são Vinagre de Cidra, Malus sylvestris, Vinagre de Manzana, Vinagre de Sidra de Manzana, Vinagre de Cidra.

Capítulo 1

Introdução:

O vinagre de sidra de maçã (ACV) é considerado um vinagre de cor âmbar pálido feito a partir de mosto de maçã e utilizado como especiaria ou conservante. O vinagre de cidra de maçã, também conhecido como vinagre de cidra ou ACV, é um tipo de vinagre feito de cidra ou mosto de maçã e tem uma cor âmbar pálida a média. O ACV não pasteurizado ou biológico contém mãe de vinagre, que tem um aspeto de teia de aranha e pode fazer com que o vinagre pareça ligeiramente congelado.

O ACV é utilizado em molhos para saladas, marinadas, vinagretes, conservantes alimentares e chutneys. É produzido esmagando maçãs e espremendo o líquido. As bactérias e as leveduras são adicionadas ao líquido para iniciar o processo de fermentação alcoólica, e os açúcares são transformados em álcool. Num segundo processo de fermentação, o álcool é convertido em vinagre por bactérias formadoras de ácido acético (acetobacter). O ácido acético e o ácido málico conferem ao vinagre o seu sabor acre. [1,2].

O vinagre de sidra de maçã tem sido utilizado como um remédio popular ao longo dos séculos. Desde a década de 1970, tem sido promovido com uma série de alegações de saúde, incluindo a de que pode ajudar a perder peso e prevenir infecções. Nenhuma alegação de benefício é apoiada por boas provas e o consumo medicinal de vinagre de sidra de maçã pode ser perigoso, particularmente se tomado durante a gravidez ou consumido cronicamente.

A ingestão do ácido acético contido no vinagre representa um risco de possíveis lesões nos tecidos moles da boca, garganta, estômago e rins. As utilizações para tratamento tópico, soluções de limpeza ou acidentes oculares são incluídas como avisos nos conselhos sobre venenos. Os perigos do consumo excessivo e rotineiro de vinagre incluem a diminuição da densidade óssea, níveis mais baixos de potássio, possíveis interações nocivas com outros medicamentos e lesões esofágicas se o comprimido ficar alojado na garganta. Tal como todos os líquidos fortemente ácidos colocados na boca, pode danificar os dentes ao longo do tempo; uma rapariga de 15 anos que bebia um copo diário de vinagre de cidra de maçã para perder peso apresentava desgaste dentário erosivo. Este facto é especialmente assustador quando fontes bastante comuns, como as revistas femininas, promovem o vinagre de sidra de maçã como elixir bucal ou tratamento de branqueamento dentário.

Quando é vendido como suplemento sob a forma de comprimidos, o vinagre de sidra de maçã não está sujeito aos regulamentos da FDA, o que, em alguns casos, levou a caixas cujos ingredientes listados não correspondiam aos ingredientes reais ou não continham de todo vinagre de sidra de maçã. Outras indicavam valores incorrectos para a quantidade de ácido acético no seu interior - o que acabou por ser bom, uma vez que o nível indicado seria considerado tóxico.

O vinagre de cidra de maçã é por vezes utilizado para remover toupeiras, angiomas de cereja (aquelas toupeiras vermelhas brilhantes) e marcas de pele; isto funciona, mas apenas na medida em que provoca uma queimadura química localizada. Isto pode potencialmente causar manchas escuras, cicatrizes ou mesmo a transformação de toupeiras inofensivas em malignas. Existe um estudo de caso de uma adolescente que acabou com queimaduras químicas depois de utilizar este método para fritar uma verruga benigna no seu nariz.

O ACV é definido quimicamente como uma solução aquosa diluída de ácido etanoico $HC_2H_3O_2$[3] que é criado bioquimicamente através da fermentação alcoólica e da fermentação ácida pelo papel da acetobacter[4] . Fisicamente, o ACV caracteriza-se por um pH=2,4 que lhe confere um sabor azedo, uma densidade igual a 1,01 gm/ml e pontos de fusão e de congelação de 213 F e 28 F, respetivamente .[5]

Coisas que é realmente útil para o vinagre de cidra de maçã, incluindo cada um dos seguintes:

- Cozinhar, se aplicado corretamente.

- Se tiver uma dor de garganta, coloque uma dose de vinagre de cidra de maçã, uma colher de mel e uma dose de água quente num copo e beba. (Também pode fazer isto com vinagre normal se tiver saudades do cheiro do peixe e das batatas fritas).

- Faz um molho para saladas absolutamente delicioso.

- Para apanhar moscas da fruta. [9] Não está estabelecido se o vinagre é melhor do que o mel para esta tarefa.

- Se, por alguma razão racional hipotética, precisar de aumentar a sua ingestão de ácidos, o vinagre de sidra de maçã seria, de facto, o ideal. Mas, honestamente, o sumo de fruta ou a limonada forte funcionariam e teriam um sabor muito melhor.

- Substitui o vinagre branco nas receitas de pickles para obter um pickle rápido muito melhor.

- Passar vinagre de cidra de maçã diluído nas axilas antes do duche mata as bactérias e reduz o odor do suor. (Os comerciantes insistem que tem de ser cru, não filtrado e orgânico, mas provavelmente podes ignorar tudo isto).

- Diluído para um pH de cerca de 5, pode ser potencialmente útil para problemas de pele; contém ácido acético, málico e lático, todos eles eficazes para soltar as células mortas da pele e matar as bactérias, reduzindo assim as borbulhas, que são formadas por bactérias presas em poros obstruídos por células mortas da pele. No entanto, não o faça com demasiada frequência, ou o ácido pode secá-lo.

- O vinagre branco destilado pode ser um excelente produto de limpeza doméstico "verde", inseticida e herbicida[10]. No entanto, o vinagre de sidra de maçã é bastante doce devido à fermentação propositadamente incompleta dos açúcares da sidra. Assim, o vinagre de sidra de maçã deixa resíduos açucarados e não é recomendado como agente de limpeza.

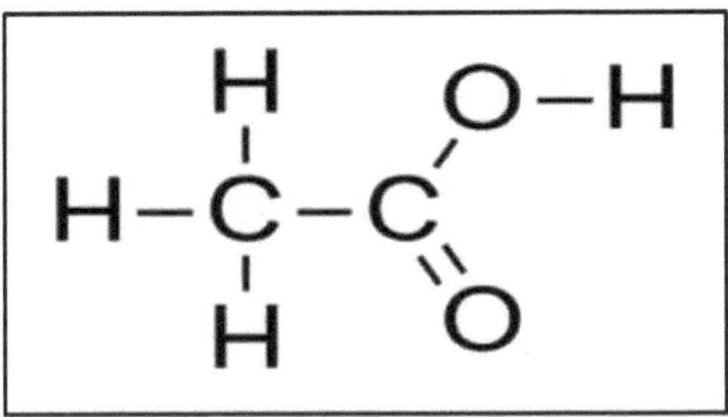

Forma (1): estrutura do ácido etanoico utilizado na nossa experiência

Muitas literaturas[6,7,8,9] mencionam que a composição química do ACV é composta por cálcio, ferro, magnésio, fósforo, potássio, sódio e zinco. Para além disso,
O ACV é isento de proteínas, lípidos e fibras[10] . Para além disso, uma baixa percentagem de 1% de hidratos de carbono e açúcares, bem como ácido etanoico a 5% .[11,12]

As civilizações antigas e antigas consideravam o vinagre como uma dádiva natural, devido à facilidade da sua preparação através da exposição do sumo de maçã ao ar para o transformar em vinagre fermentado e utilizá-lo como aromatizante e bebida energética; este facto foi registado há cerca de 5000 anos a.C. pelos babilónios e, mais tarde, há 3000 anos a.C. pelos egípcios, tendo sido depois fabricado pelos chineses em 1200 anos a.C., seguindo-se a conclusão de Hipócrates em 400 anos a.C., em grego, onde é utilizado como medicamento[13] . Mais tarde, os vinagres foram utilizados para muitos fins, como no domínio militar, no domínio alimentar, no domínio dos conservantes e no domínio médico .[14]

Do ponto de vista médico, o ACV era muito popular no século XX devido ao seu papel na cura de muitas doenças em todo o mundo, por exemplo, limpeza da boca e da faringe, neutralização da acidez do estômago, alongamento dos músculos, tratamento da indigestão intestinal, paragem dos soluços, limpeza da caspa, alívio das dores da laringe, frescura da pele, terapia para o acne e comichão, e programas de fitness baseados na redução das taxas de glicose e colesterol. Todas estas prescrições médicas baseiam-se em minuciosas experiências domésticas e populares adquiridas ao longo de convénios e épocas passadas, para as quais o toque laboratorial e técnico era desesperadamente necessário .[15,16]

O vinagre de cidra de maçã é utilizado pelos adeptos da dieta alcalina, que acreditam que estas doenças são causadas pelo facto de o pH do corpo se tornar demasiado alcalino, não, ácido. Aparentemente, embora o vinagre de sidra de maçã seja ácido, afirma-se que "liberta" bases alcalinas no organismo. O mecanismo não é claro. Outra utilização em casos de cancro, como tudo, o vinagre de sidra de maçã cura o cancro. Deus é citado como tendo dito pessoalmente que lida com o "fungo do cancro". Embora Joseph Mercola apenas diga que "alguns defensores" do vinagre de sidra de maçã afirmam que é bom para o cancro. O vinagre de sidra de maçã é utilizado sozinho ou com mel para ossos fracos (osteoporose), perda de peso, cãibras e dores nas pernas, dores de estômago, dores de garganta, problemas de sinusite, tensão arterial elevada, artrite, para ajudar a libertar o corpo de toxinas, estimular o pensamento, retardar o processo de envelhecimento, regular a tensão arterial, reduzir o colesterol e combater infecções. Algumas pessoas aplicam o vinagre de sidra de maçã na pele para o acne, como tónico para a pele, para acalmar as queimaduras solares, para as telhas, picadas de insectos e para prevenir a caspa. Também é utilizado no banho para infecções vaginais. Nos alimentos, o vinagre de cidra de maçã é utilizado como agente aromatizante. Pode ser difícil saber o que está contido em alguns produtos de vinagre de sidra de maçã.

A análise laboratorial de comprimidos de vinagre de sidra de maçã disponíveis no mercado revela uma grande variação no seu conteúdo. As quantidades de ácido acético variam entre cerca de 1% e 10,57%. As quantidades de ácido cítrico variaram entre 0% e cerca de 18,5%. As quantidades dos ingredientes indicados nos rótulos dos produtos não correspondiam aos resultados laboratoriais. Nos EUA, não existe uma definição real na lei sobre o que o vinagre de cidra de maçã deve conter para ser chamado de vinagre de cidra de maçã. Assim, é impossível dizer, a partir destas análises, se estes produtos comerciais contêm efetivamente vinagre de sidra de maçã.

O óleo de argão foi extraído do miolo de uma árvore rara e endémica do vale do Sous, em Marrocos, onde viveu durante cerca de 200 anos ([17]). Este óleo é tradicionalmente utilizado na culinária, como cosmético e para fins terapêuticos, pois é composto por vários ácidos gordos essenciais classificados como ómega 6 e 9, que são 42,8% de ácido oleico, 36,8% de ácido linoleico, 12% de ácido palmítico, 6% de ácido esteárico e 0,5% de ácido linolénico; além disso, contém tocoferol, esqualeno, carotenos e fenóis naturais ([18]). Todas estas qualificações permitem que as mulheres berberes o utilizem como óleo cosmético recomendado para hidratar e fortificar a pele, contra o acne e a descamação, nutrir e dar brilho ao cabelo, curar queimaduras e tratar a pele seca escamosa ou enrugada (17,18)

A infestação por piolhos é uma das doenças mais comuns que infectam tanto os seres humanos como os animais ([19]). Esta infestação é causada por um pequeno artrópode pertencente à subordem Anoplura (denominada Siphunculata), que está incluída na ordem Phthiraptera, caracterizada por um corpo totalmente sem asas e pequeno, achatado dorso-ventralmente; os seus segmentos torácicos estão fundidos, enquanto o abdómen é composto por sete segmentos visíveis; A cabeça tem um par de antenas de cinco segmentos, a cabeça tem também um par de olhos; seis patas curtas projectam-se dos segmentos fundidos do tórax, cada uma terminando com uma garra e um "polegar" oposto; há sete segmentos visíveis do abdómen, em que os primeiros seis segmentos têm um par de espiráculos usados para respirar, enquanto o último tem o ânus e os órgãos genitais([20,21,22]).

As fêmeas do piolho do pelo põem diariamente 3 a 4 ovos num local adequado ao crescimento correto do embrião, onde se fixam junto à base da haste do pelo do hospedeiro. Estas fêmeas adultas segregam mais tarde uma cola do seu órgão reprodutor para ajudar na formação da "bainha do piolho" que cobre a haste do pelo e quase todos os ovos, exceto o opérculo. Cada ovo tem uma forma oval e cerca de 0,68 mm de comprimento, é de cor escura enquanto contiver um embrião, mas aparece claro depois de eclodir após seis a nove dias após a oviposição. Após a eclosão, as ninfas continuam presas à haste do pelo ([23,24,25]).

Várias das doenças infecciosas transmitidas pelo piolho são potencialmente fatais, incluindo a febre recorrente, o tifo epidémico e a febre das trincheiras, que são causadas por *Borrelia recurrentis, Rickettsia prowazekii* e *Bartonella quintana*, respetivamente.

Estas doenças continuaram a constituir um importante problema de saúde pública nas populações que vivem em condições de higiene precárias devido a perturbações sociais, guerras, lacunas na gestão da saúde pública ou pobreza extrema ([26,27,28]).

O pensamento básico do nosso estudo visava utilizar o vinagre de maçã doméstico líquido com uma concentração selectiva depois de misturado com óleo de argão para refutar os piolhos do pelo nos gatos, de acordo com a forma científica regular, de modo a aplicar esta extração aos piolhos da cabeça no ser humano no futuro, tendo em conta a descendência comum entre os piolhos do gato e do ser humano mais do que outros.

Capítulo 2

Materiais e métodos:

A. Fazer o vinagre: maçã doméstica (*Malus domestica*) trazida para o laboratório, foi espremida para obter o sumo, onde foi adicionada levedura para formar ACV que por sua vez foi exposto ao ar depois de adicionar mãe de vinagre. Posteriormente, o líquido foi deixado a uma temperatura de 77 F durante 4 meses e a uma temperatura de exaustão durante 2 anos. Em seguida, o vinagre foi enviado para o laboratório de análises químicas para detetar os seus componentes e caraterísticas por cromatografia líquida de alta eficiência () onde o seu princípio se baseia na técnica de desacoplamento que exige: a injeção de um pequeno volume de amostra líquida num tubo embalado com partículas minúsculas (3 a 5 microns (μm) de diâmetro, denominada fase estacionária) onde os componentes individuais da amostra são passados pelo tubo embalado (coluna) com um líquido (fase móvel) alimentado através da coluna por alta pressão transportada por uma bomba. Estes componentes são separados uns dos outros pelo enchimento da coluna, que inclui várias interações químicas/físicas entre as suas moléculas e as partículas de enchimento. Em seguida, estes componentes díspares são observados à saída deste tubo (coluna) por um dispositivo de passagem (detetor) que calcula a sua quantidade. A saída deste detetor é designada por "cromatograma líquido"[29] .

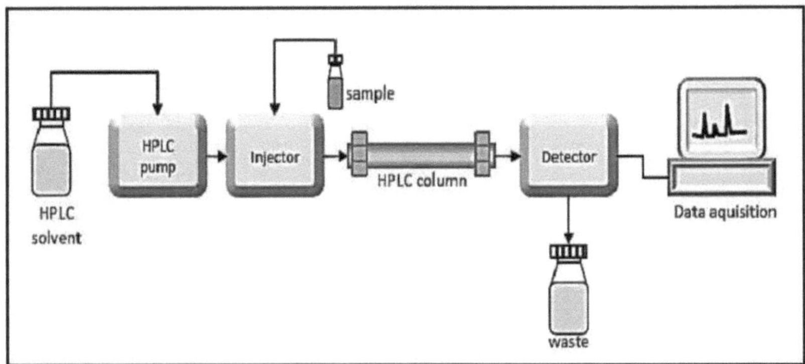

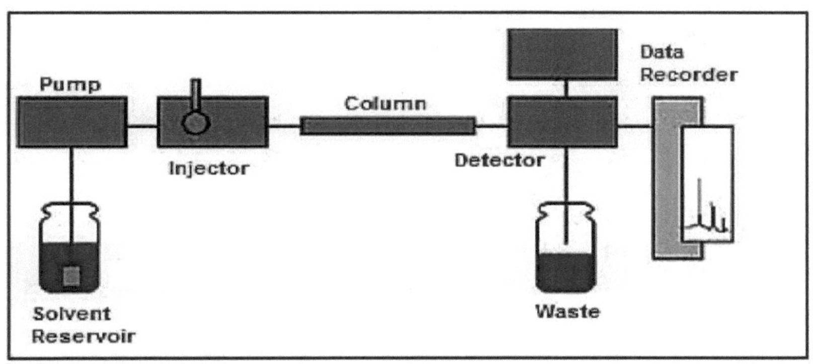

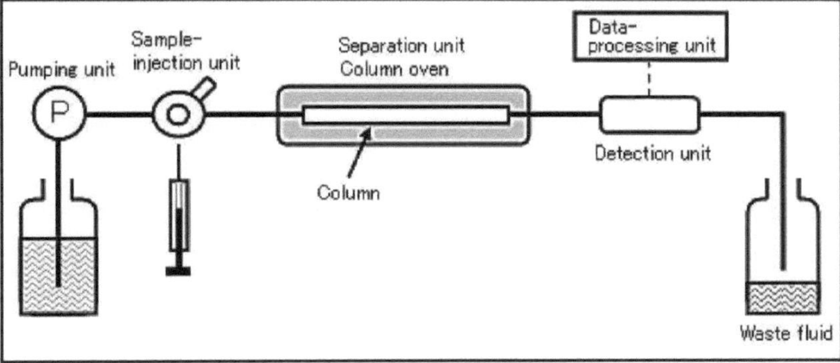

Forma (2): princípio da HPLC[29]

B. Diluição do vinagre: para além da solução concentrada, várias diluições decrescentes como mistura expressa em percentagem (%). As diluições são, respetivamente, as seguintes 75% de vinagre para 25% de água, 50% de vinagre para 50% de água e 25% de vinagre para 75% de água.

C. Extração do óleo de argão: secámos o fruto de argão ao ar e depois retirámos a polpa. A fase seguinte consistiu em partir a noz de argão para obter os grãos, que foram torrados numa placa de metal quente antes de arrefecerem. Posteriormente, os grãos foram moídos e prensados até darem óleo, que foi mantido num frasco de vidro esterilizado durante 2 semanas antes de ser filtrado e sobrenadado para ser utilizado diretamente nos nossos testes.

D. Tratamento dos piolhos: piolho de gato (*Felicola subrostratus*) tratado através da aplicação de três vias de acordo com a hipótese científica sugerida e o compromisso de comportamento profissional, bem como as leis correlacionadas com o respeito pelos direitos dos animais.

D-1. Tratamento de piolhos isolados: 2000 insectos recolhidos do pelo dos modelos, divididos em 4 grupos, cada um colocado em pequenas placas de Petri de vidro esterilizado, de modo a serem tratados com diferentes parâmetros de diluição de ACV após 10 minutos de recolha.

D-2. Tratamento do gato infestado: 100 gatos domésticos (*Felis catus*) infectados com pediculose foram divididos em 4 grupos iguais e colocados em quarentena em salas destinadas a este fim num hospital veterinário. Posteriormente, cada grupo foi exposto a uma das concentrações graduadas de água e vinagre. Os resultados foram registados em função do número de piolhos mortos e do tempo gasto para esta ação, tendo em conta a presença ou ausência de efeitos secundários durante os testes.

E. Análise estatística: todos os dados e resultados foram programados e tabulados pela análise estatística computorizada (SPSS) com base nas referências correlacionadas para obter um feedback minucioso .[30]

Capítulo 3

Resultados:

A. De acordo com as análises químicas, as observações revelam que o VCA fabricado é composto pelas seguintes caraterísticas e substâncias, enumeradas no quadro n.º 1. 1.

Tabela no.1: várias propriedades físicas e químicas do ACV preparado e testado na nossa investigação.

Character or	Unit	Evalution or percentage
Odor	-	Pungent
Taste	-	Sour
Calcium	100 mg/ml	6.5
Iron	100 mg/ml	0.28
Magnesium	100 mg/ml	5.1
Phosphorus	100 mg/ml	7.8
Potassium	100 mg/ml	80
Sodium	100 mg/ml	5.4
Zinc	100 mg/ml	0.035
pH	-	2.4
Acetic acid	%	5
Specific gravity	gm/ml	1.019
Freezing point	°F	27
Boiling point	°F	209
Chemical formula	-	$C_2H_4O_2$

B. A melhor diluição terapêutica eficaz de ACV exemplificada com a média 50:50 (tabela-2 & esquema-1), devido ao seu papel óbvio na erradicação da infestação de piolhos sem quaisquer efeitos secundários com a ajuda de óleo de argão 1 ml. É digno de menção que os efeitos secundários mais óbvios quando se utilizam concentrações elevadas de ACV são reacções alérgicas, rasgões e fissuras no couro cabeludo, fraqueza no crescimento e fragilidade do cabelo.

Tabela n.º 2: níveis terapêuticos e eficácia da extração combinada supostos na nossa experiência sobre a infestação por piolhos.

Level	Dilution/percentage	Refuting percentage	Treatment period	Side effects
1	100% ACV/1 ml oil	100%	1×5 daily	Present and severe
2	75% ACV/1 ml oil	100%	1×6 daily	Present and obvious
3	50% ACV/1 ml oil	100%	1×7 daily	Not present *
4	25% ACV/1 ml oil	5%	1×10 daily	Ineffective

*nas estatísticas significa uma diferença significativa nos níveis 0,001 dentro de uma linha.

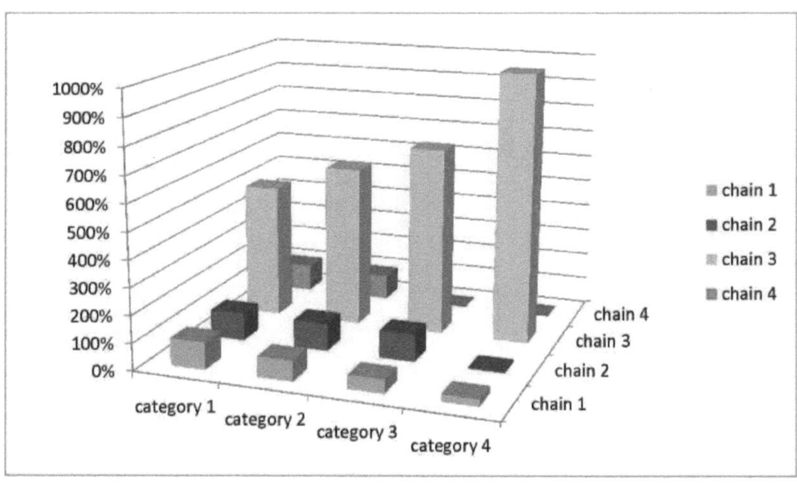

Esquema n.º 1: níveis terapêuticos e eficácia do extrato combinado de ACV e óleo de Argan na infestação por piolhos, tendo em conta o aparecimento de efeitos secundários e as doses diárias.

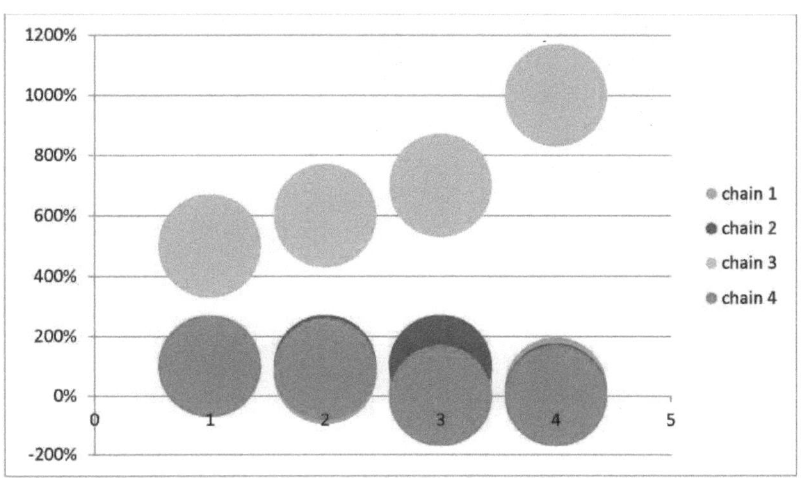

Esquema n.º 2: níveis terapêuticos e eficácia do extrato combinado de ACV e óleo de Argan na infestação por piolhos, tendo em conta o aparecimento de efeitos secundários e as doses diárias.

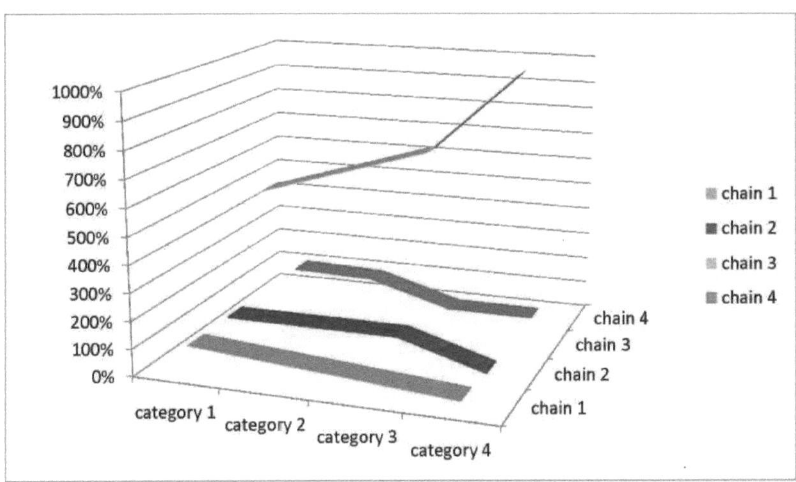

Esquema n.º 3: níveis terapêuticos e eficácia do extrato combinado de ACV e óleo de Argan na infestação por piolhos, tendo em conta o aparecimento de efeitos secundários e as doses diárias.

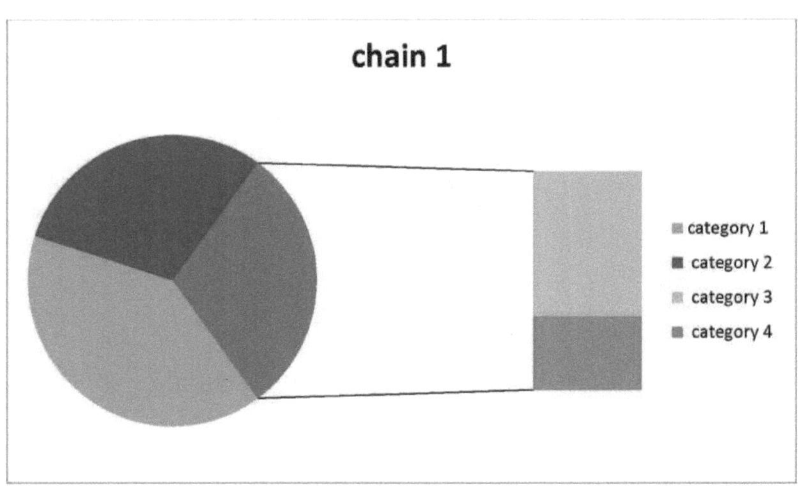

Esquema n.º 4: níveis terapêuticos e eficácia do extrato combinado de ACV e óleo de Argan na infestação por piolhos, tendo em conta o aparecimento de efeitos secundários e as doses diárias.

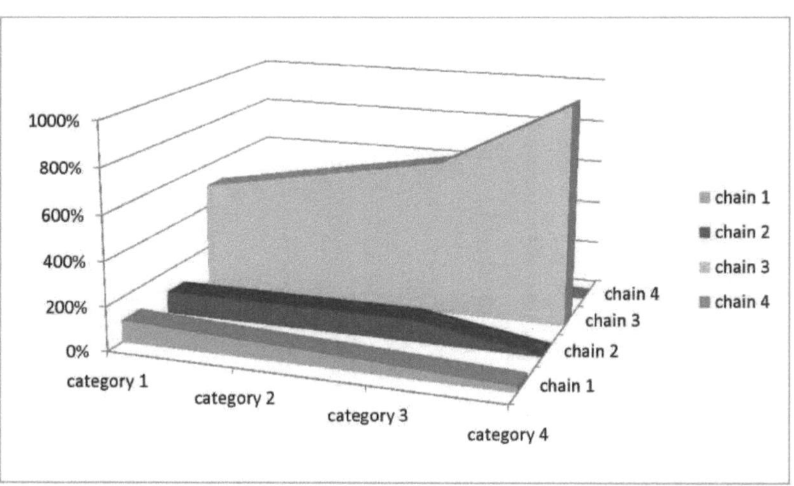

Esquema n.º 5: níveis terapêuticos e eficácia do extrato combinado de ACV e óleo de Argan na infestação por piolhos, tendo em conta o aparecimento de efeitos secundários e as doses diárias.

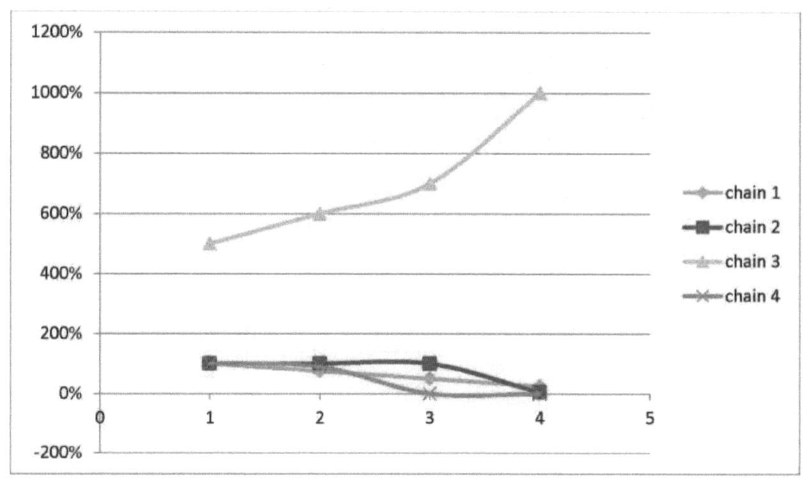

Esquema n.º 6: níveis terapêuticos e eficácia do extrato combinado de ACV e óleo de Argan na infestação por piolhos, tendo em conta o aparecimento de efeitos secundários e as doses diárias.

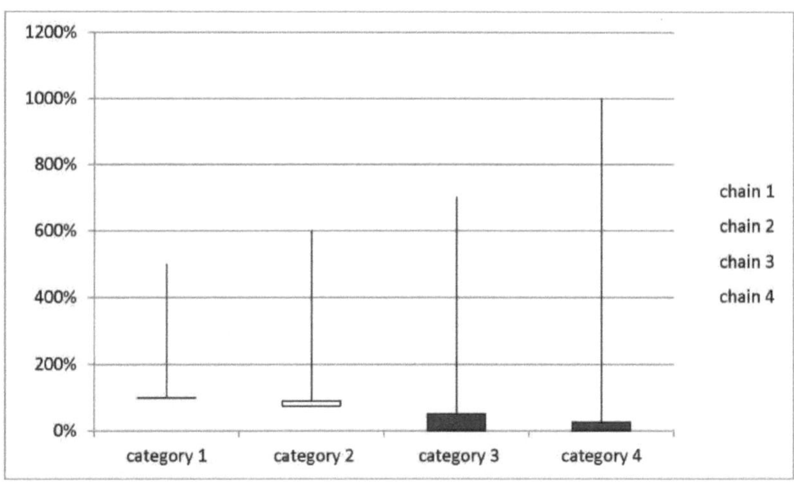

Esquema n.º 7: níveis terapêuticos e eficácia do extrato combinado de ACV e óleo de Argan na infestação por piolhos, tendo em conta o aparecimento de efeitos secundários e as doses diárias.

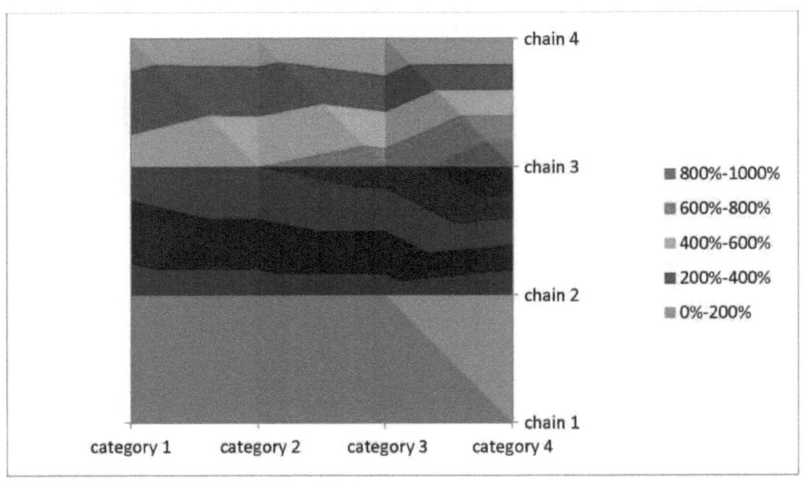

Esquema n.º 8: níveis terapêuticos e eficácia do extrato combinado de ACV e óleo de Argan na infestação por piolhos, tendo em conta o aparecimento de efeitos secundários e as doses diárias.

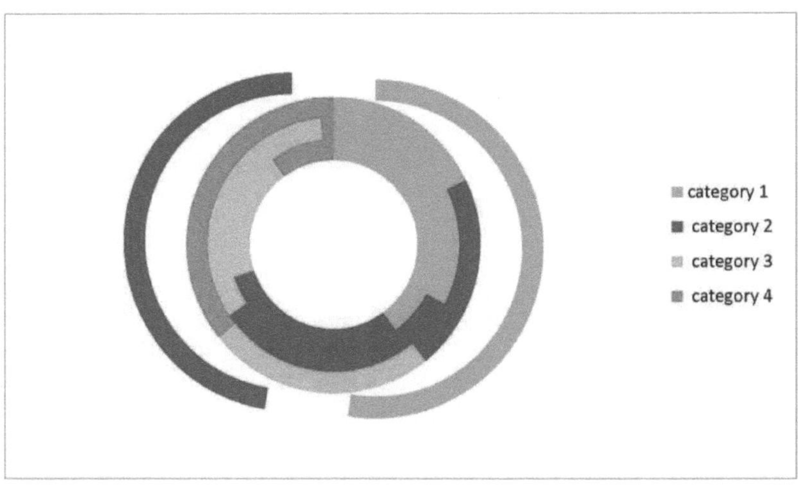

Esquema n.º 9: níveis terapêuticos e eficácia do extrato combinado de ACV e óleo de Argan na infestação por piolhos, tendo em conta o aparecimento de efeitos secundários e as doses diárias.

18

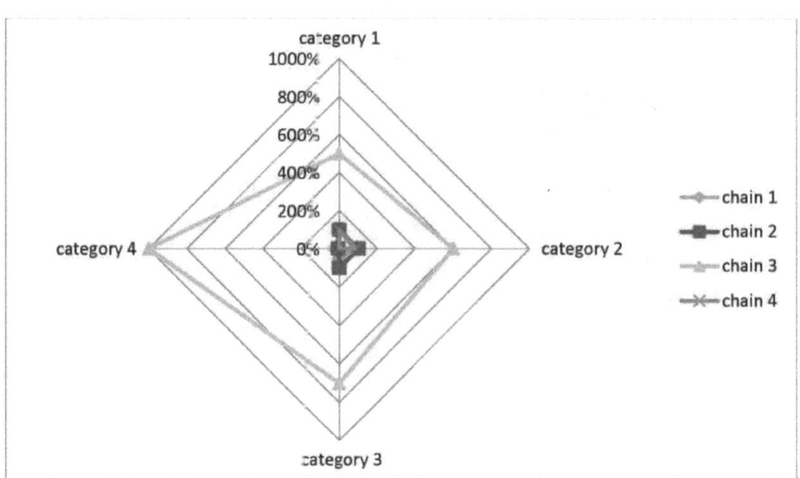

Esquema n.º 10: níveis terapêuticos e eficácia do extrato combinado de ACV e óleo de Argan na infestação por piolhos, tendo em conta o aparecimento de efeitos secundários e as doses diárias.

C. As investigações microscópicas e histológicas dos piolhos explicam que estes insectos morreram por asfixia através da inalação do aroma forte e perfumado deste extrato. As imagens 1 e 2 abaixo explicam que estes insectos tendem a aparecer empalhados sem quaisquer sinais de rasgamento e desgaste, exceto algumas fissuras superficiais em algumas partes dc corpo do piolho.

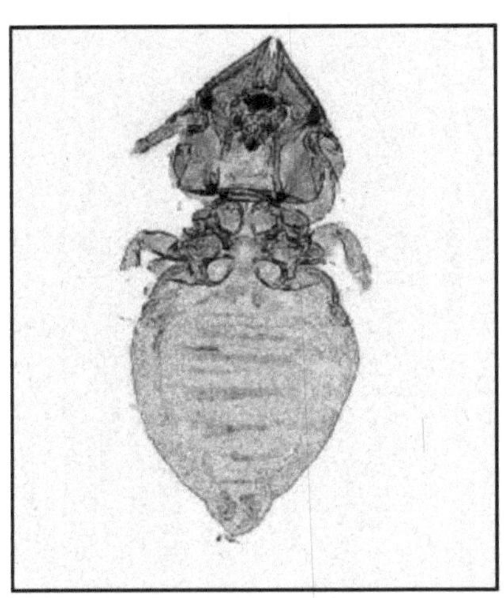

Imagem no. 1: um piolho morto após tratamento com a mistura ACV-AO. Ver sinais de desgaste, corte e rasgamento com sinais de asfixia, 50 X.

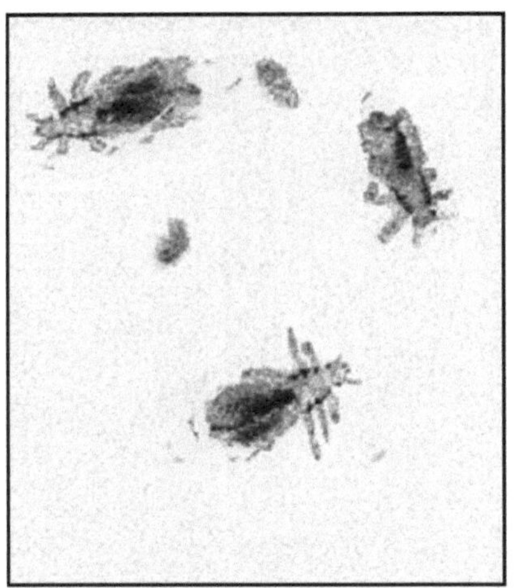

Imagem nº 2: piolhos, ninfas e ovos de *Felicola subrostratus* capturados depois de tratados com ACV-AO 50:50 diluição 25X.

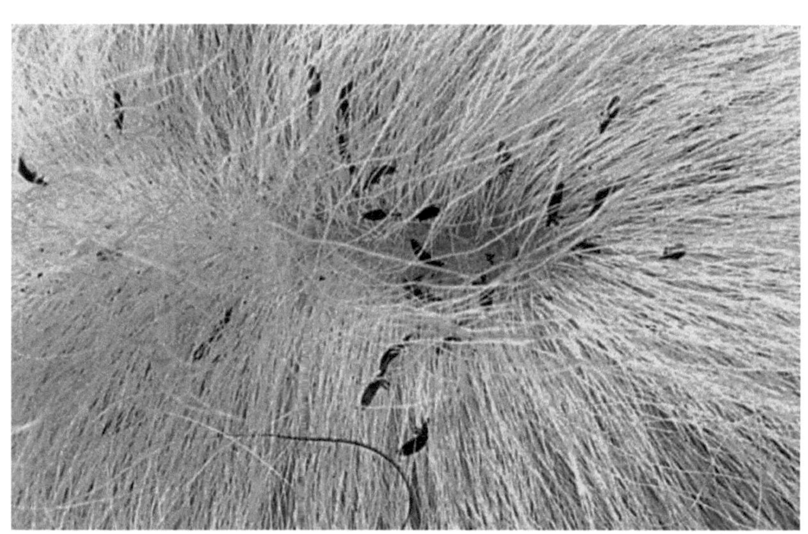

Imagem no. 3: o pelo do gato é invadido por piolhos

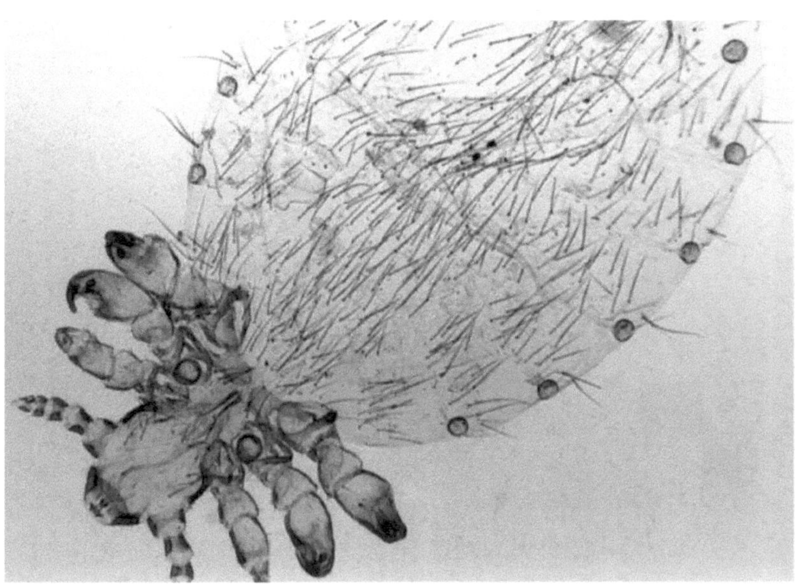

Imagem no. 4: *Felicola subrostratus*

Imagem no. 5: Gato com comichão devido à invasão de piolhos

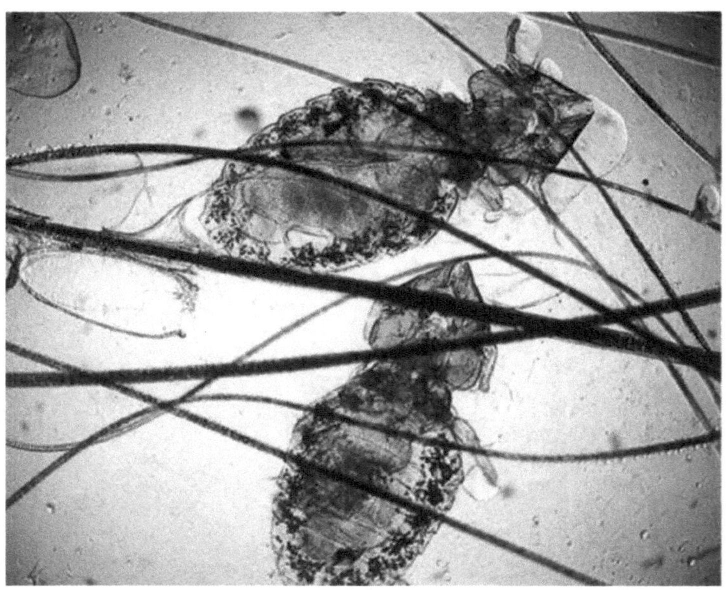

Imagem no. 6: *Felicola subrostratus* **ou piolho do gato invade e espalha-se entre os pêlos do gato doméstico** *Felis catus*

Capítulo 4

Discussão:

Tal como o sumo de maçã, contém provavelmente alguma pectina; tiamina, vitamina B2 e vitamina B6; biotina; ácido fólico; niacina; ácido pantoténico; e vitamina C. Contém também pequenas quantidades dos minerais sódio, fósforo, potássio, cálcio, ferro e magnésio. O vinagre de sidra de maçã também pode conter quantidades significativas de ácido acético e ácido cítrico.

Depois de rever os resultados, parece que os piolhos de pelo tratados com extração combinada ACV-AO foram mortos por asfixia, de acordo com uma conclusão que se conjuga com as evidências científicas aplicadas nesta investigação. Assim, a melhor prova deste resultado é que a cutícula isolada tratada com a extração ACV-AO não foi afetada, o que é confirmado pelos estudos de Mowatt[31] e de Fernandez & Ingbar[32] sobre o shrilk, que é uma cutícula artificial composta por proteínas de fibroína e quitosano que se caracteriza pela sua elasticidade e flexibilidade quando exposta a ácidos fortes[33,34,35] . Assim, sugerimos que o ACV nunca afecta os insectos piolhos diretamente através da perfuração do seu exoesqueleto e endocutícula, mas sim através de outra forma que exige investigação e atenção!

O tema da controvérsia centrou-se nas causas de fissuras, desgaste, rasgões e cortes em várias partes de piolhos tratados com ACV-AO! Verificámos que as causas destas destruições nos seus corpos se devem a razões mecânicas e físicas e não a uma causa química, como se interpreta. Justificamos esta explicação pelo facto de estes piolhos mortos que foram tratados previamente com ACV-AO não apresentarem quaisquer sinais de avarias ou de perda de qualquer das suas partes ao serem apanhados pelas mãos mais tarde, e não pelo facto de o uso de pente para piolhos no pelo e cabelo levar a muitos casos deste tipo de fissuras, desgaste, rasgões e recortes .[36,37,38]

No que diz respeito à ação terapêutica do ACV-AO, verificámos, através de exame microscópico, que os insectos piolhos morrem sufocados, uma vez que não há evidência física disponível de cortes ou desgaste de qualquer parte do seu corpo após o tratamento com ACV-AO, abrindo caminho para considerar que esta terapia desempenhou o seu papel através do seu odor pungente (investigações químicas, tabela 1), que foi sentido e identificado pelo nervo trigémeo[39,40] . O odor do ACV resulta da ocorrência de ácido carboxílico na composição deste vinagre, incluído na estrutura do ácido etanoico (C_2H_5COOH), onde este odor forte e fétido surgiu para auxiliar ativamente na fisiologia de asfixia dos piolhos através da irritação dos tecidos vizinhos aos espiráculos contraídos causando dificuldade no processo respiratório acompanhado de casos de extrusão e queimaduras tópicas nestas regiões devido à reação química direta entre o ácido etanoico e esses tecidos o que leva a sinais de queimaduras, reacções inflamatórias-alérgicas devidas à lise parcial destes tecidos no que se designa por queimadura química, que se define como a quebra das ligações das unidades básicas de construção dos tecidos do inseto, levando à erosão, expulsão, filtração, rasgamento, destruição e, finalmente, destruição do tecido de acordo com a ação de corrosão que, por sua vez, se baseia no princípio ácido-base que termina com a hidrólise da amida ou do éster, através da qual as ligações químicas são destruídas, causando a_{burns} (41,42,43,44).

De acordo com os resultados do teste da melhor diluição de ACV-AO utilizada, que conduziu a nossa investigação, os dados mostraram que 50:50 foi a melhor na sua ação e eficácia. A explicação para este facto baseia-se em vários factores; o primeiro é que a adição de mais água ajudará a diluir a acidez do ácido etanoico para metade no ACV sem perder a sua eficácia como terapia, que, aliás, ajuda a amortecer muitas inflamações bacterianas e a violência microbiana que se espalha nos tecidos tratados, para além do papel da água na lavagem das regiões onde o vinagre se concentrou após o tratamento[45] . O segundo fator é que o ácido etanoico diluído actua como desinfetante de forma mais eficaz do que o caso concentrado, tal como foi proposto por estudos e investigações anteriores sobre o papel do ácido etanoico diluído no tratamento da nefrite e na limpeza do útero[46,47,48] . O terceiro fator é o desaparecimento dos efeitos secundários após a utilização desta diluição, tendo sido comprovada a ocorrência de um estado de equilíbrio químico na composição da mistura que conduziu à cura desta infestação sem efeitos secundários, tendo em conta que este tipo de equilíbrio foi controlado por leis de equilíbrio ácido-base que dependem confidencialmente do ajuste dos parâmetros de equilíbrio e das produções farmacêuticas .[49]

A adição de óleo de argão à extração de ACV no nosso estudo baseou-se na sua estrutura química, que é abundante em quantidades elevadas de vitamina E-gama e cinco tipos de ácidos gordos essenciais, especialmente os ácidos oleico e linoleico, com uma percentagem de 80%. O tocoferol ajuda na mistura ACV-AO como antioxidante e removedor de radicais livres e, por isso, ajuda na proteção dos fibroblastos e das bases capilares da pele, para além do seu papel na conservação do elenco de ligações das partículas de água que entram na composição da pele e do cabelo e que, dependendo da manutenção da sua humidade, evitam a sua secagem e cortes. Por outro lado, os ácidos gordos essenciais participam na manutenção das membranas plasmáticas das células do cabelo e da pele, para além do seu papel no anabolismo e no metabolismo das prostaglandinas, que são consideradas substâncias biológicas anti-inflamatórias e cicatrizantes .[51]

Como utilizar o vinagre de cidra de maçã para cães é um assunto questionável, uma vez que as pessoas utilizam o vinagre há séculos como tratamento de saúde e agente de limpeza doméstica. Os adeptos do vinagre de sidra de maçã (ACV) afirmam que é um conservante natural, desinfetante e fonte de nutrientes. O vinagre de cidra de maçã é um excelente suplemento para adicionar à dieta do seu cão. Diz-se que ajuda a melhorar a saúde digestiva, a controlar as pragas e a limpar infecções da pele e dos ouvidos. Embora a medicina moderna não reconheça o vinagre de sidra de maçã como eficaz, alguns veterinários sugerem a sua utilização com moderação. O vinagre de cidra de maçã não é uma solução instantânea, nem está isento de possíveis efeitos secundários. Vários pontos listados abaixo explicam como:

1- Lavar o seu cão com vinagre de cidra de maçã: Faça um enxaguamento para melhorar a pele e o pelo do seu cão. Depois de dar banho ao seu cão, passe o vinagre no pelo do cão. O vinagre melhorará o brilho do pelo do cão e actuará como desodorizante. Não utilize o vinagre se a pele do seu cão estiver seca, ferida ou irritada. Tratar a pele do seu cão desta forma ajudará a prevenir a pele seca e a comichão.

2- Limpar os ouvidos do seu cão com ACV. As propriedades antibacterianas do vinagre de maçã fazem dele uma opção para limpar os ouvidos do cão. Ajudará a prevenir infecções e a afastar os parasitas que são susceptíveis ao ácido do ACV. Mergulhe uma pequena bola de algodão ou um pedaço de pano limpo no vinagre e limpe suavemente as orelhas do seu cão com o máximo de cuidado possível. Tenha em atenção que as propriedades adstringentes do ACV podem picar as orelhas do seu cão ou fazer com que a pele delicada do canal auditivo seque.

3- Pulverizar o pelo do seu cão para repelir as pulgas. Se o seu cão passa muito tempo a brincar durante o verão, usar ACV pode manter as pulgas afastadas. Misture duas chávenas de água e duas chávenas de ACV num frasco de spray limpo. Uma vez por semana, pulverize o pelo do seu cão com a mistura. Apesar de não estar cientificamente provado que se livra das pulgas, o sabor ácido do vinagre pode repelir pulgas e outros parasitas. Se o seu cão não gostar de ser pulverizado, mergulhe um pano na mistura e esfregue o pelo do seu cão. Não é necessário enxaguar o cão depois. O cheiro dissipar-se-á depois de o ACV secar.

4- Dar banho com uma mistura de ACV e sabão para combater as pulgas. Se o seu cão tiver um caso de pulgas, pode afogá-las usando uma mistura de água com sabão e ACV. A água com sabão lava as pulgas e o ACV é relatado anedoticamente para impedi-las de voltar. Faça uma mistura de 1/4 de chávena de detergente da loiça, 1/2 galão de água e 1/2 galão de ACV. Coloque mangas compridas e luvas. Antes de começar a tratar o seu cão, é importante proteger a sua própria pele das picadas de pulgas. Trabalhe ao ar livre se estiver lidando com pulgas e carrapatos vivos. Dê banho ao seu cão com a solução. Evite que a solução entre em contacto com os olhos do cão. Cubra todas as partes do pelo do cão e use os dedos para aplicar a solução até à pele. O objetivo é fazer uma boa espuma para ajudar a matar as pulgas. Deixe a solução atuar no seu cão durante dez minutos. Se se tratar de uma infestação particularmente grave, tenha à mão um segundo lote da solução para poder fazer um tratamento duplo contra as pulgas.

5- Utilizar um pente para pulgas para remover as pulgas. Penteie cuidadosamente o pelo, secção por secção, para retirar as pulgas vivas e os seus ovos. Mergulhe o pente de pulgas numa tigela com água e sabão, o que afogará as pulgas no impacto. As pulgas devem sair facilmente do seu cão, uma vez que serão repelidas pelo sabor do ACV.

6- Enxaguar o seu cão. Quando terminar, enxágue o cão para remover todos os vestígios de sabão e pulgas mortas. Em seguida, pulverize o pelo com uma solução de água e ACV a 50%. Depois, deixe-o secar completamente ao ar.

7- Melhore a saúde geral do seu cão utilizando ACV duas vezes por semana. Alimentar o seu cão com ACV com esta frequência ajudará a manter a sua pele e pelo saudáveis, bem como a manter as pulgas afastadas. Para alimentar o seu cão com ACV, basta adicionar uma colher de chá ao seu prato de água duas vezes por semana. Tenha em conta que os efeitos do vinagre de sidra de maçã variam de cão para cão. Não existem provas científicas que sugiram que o vinagre melhora a saúde de todos os cães. Alguns efeitos podem ser o resultado do efeito placebo.

8- Tratar os problemas digestivos do seu cão. Se o seu cão tem problemas digestivos, como prisão de ventre ou diarreia, experimente usar ACV uma vez por dia. Adicione uma colher de chá a uma tigela grande de água diariamente. Isto ajudará a melhorar os episódios de diarreia e pode resolver a obstipação de um cão com o uso repetido. Um cão de grande porte pode fazer tratamentos duas vezes por dia. Se o seu cão tiver mais de cinquenta quilos, utilize duas colheres de chá por dia. Se os sintomas do seu cão não melhorarem após uma semana, deve levá-lo ao veterinário para ver se é necessário um medicamento mais forte.

9- Faça uma mistura de ACV que o seu cão goste. Se o seu cão parece detestar o sabor ou o cheiro, é melhor não o forçar a comer. Em vez disso, misture-o com a comida. Ou crie uma guloseima especial de ACV, misturando-o com uma colher de chá de manteiga de amendoim.

10- Conheça os benefícios do ACV. O ACV tem propriedades antibacterianas que são benéficas para a pele, ouvidos e sistema digestivo dos cães. Também altera o nível de pH interno dos cães. Alimentar regularmente o seu cão com ACV ajuda a promover uma boa saúde, tanto no interior como no exterior. Manter um bom nível de pH é importante. Pragas como pulgas, carraças, bactérias, parasitas, micose, fungos, estafilococos, estreptococos, pneumococos e sarnas são menos susceptíveis de incomodar os cães com uma urina ligeiramente mais ácida e uma camada exterior de pele/pelo ácida. O vinagre de sidra de maçã pode promover estas qualidades. Os opositores da utilização do ACV argumentam que não existem dados científicos comprovados que demonstrem que o ACV repele eficazmente as pulgas. Argumentam que quaisquer benefícios derivados do banho com ACV são provavelmente o resultado de um pentear regular das pulgas e do tratamento do ambiente, e não do ACV diretamente.

11- Conhecer os riscos associados ao ACV. Pode arder quando aplicado em pele gretada ou feridas. Não o utilize em pele ferida. Se está a planear utilizar o ACV para afastar as pulgas, tenha em atenção que se as pulgas tiverem irritado a pele do seu cão o suficiente, é provável que arda. Podem formar-se pedras na bexiga após uma utilização prolongada de ACV. O ACV é ácido e aumenta o nível de ácido na urina do seu cão. Uma urina altamente ácida em cães leva à formação de cálculos urinários de oxalato. Isto deve-se ao facto de os cristais de oxalato se precipitarem da solução de ACV. Potencialmente, a pedra na bexiga pode bloquear a uretra (o tubo através do qual o cão urina), limitando a capacidade do seu cão de urinar. Esta é uma situação de emergência, que requer cirurgia para ser resolvida. NÃO é aconselhável dar ACV a qualquer animal com um historial de cálculos urinários do tipo oxalato. Teoricamente, é possível monitorizar o pH urinário do cão com varetas. O pH ideal deve ser de cerca de 6,2 - 6,4, pelo que se a vareta indicar um pH mais ácido do que este (inferior a 6,2), então seria melhor interromper a utilização de ACV até o pH recuperar.

12- Escolher o melhor ACV. Existem formas fabricadas de vinagre de cidra de maçã e versões orgânicas. Escolha a última. O melhor vinagre de sidra de maçã a utilizar é o fermentado e não filtrado, também conhecido como "cru". O ACV cru contém uma substância turva chamada "a mãe", que contém enzimas e minerais saudáveis.

As propriedades do vinagre são, na sua maioria, uma solução aquosa diluída de ácido acético, o que se reflecte nas suas propriedades físicas e químicas. É o produto de dois processos bioquímicos. Estes processos são a fermentação alcoólica e a fermentação ácida. A fermentação alcoólica converte o açúcar natural em álcool. A fermentação ácida converte o álcool em ácido através de microrganismos, que estão presentes no ar que respiramos, chamados acetobacter. A parte ácida do vinagre é o que lhe dá o seu sabor azedo e as suas propriedades anti-sépticas (mata os germes), bem como as suas propriedades de limpeza. O vinagre não é simplesmente uma solução diluída de ácido acético. Dependendo da fruta ou de outro produto orgânico inicial e da quantidade de processamento, pode conter quantidades variáveis de minerais, enzimas, vitaminas, fibras e outros compostos orgânicos. Mas estes são apenas componentes menores do vinagre, apesar de contribuírem em grande medida para o seu sabor, cor, aroma e benefícios nutricionais gerais. A maior parte das propriedades químicas e físicas do vinagre provém dos seus dois componentes principais, que são o ácido acético e a água. A fórmula química do vinagre A fórmula química é a fórmula química do ácido acético, porque se trata de uma solução diluída de ácido acético. Uma molécula de ácido acético contém dois átomos de carbono, quatro de hidrogénio e dois de oxigénio. A estrutura molecular escreve-se CH3COOH. O vinagre é utilizado por estudantes de química de todas as idades em experiências com bicarbonato de sódio.

A densidade do vinagre é a massa por unidade de volume de uma solução. É utilizada em muitos cálculos matemáticos utilizados em análises e pode ser medida por um hidrómetro. O densímetro mede a densidade relativa ou a gravidade específica. A gravidade específica é a razão entre a densidade de uma substância e a densidade de outra substância utilizada como padrão, sendo a água o padrão para líquidos e sólidos e o hidrogénio ou o ar o padrão para gases. O vinagre comercial típico, com um teor de ácido acético de 5%, tem uma densidade de cerca de 1,01 gramas por mililitro. O ponto de ebulição do vinagre também depende do teor de ácido acético. O vinagre branco destilado comercial típico, que contém 5% de ácido acético e, obviamente, 95% de água, ferve a cerca de 100,6 graus Celsius ou 213 graus Fahrenheit. O ponto de congelação do vinagre Tal como acontece com a densidade e o ponto de ebulição, o ponto de congelação do vinagre depende do teor de ácido acético. O vinagre comercial típico de 5 por cento tem um ponto de congelação de cerca de - 2 graus Celcius ou 28 graus Fahrenheit. O pH do vinagre como O termo pH significa "potencial de hidrogénio" e refere-se à quantidade de iões de hidrogénio presentes na solução. Matematicamente, o pH é igual ao logaritmo negativo, usando a base 10, da concentração de iões de hidrogénio em mole por litro. Se o pH de uma solução diminui 1 unidade de pH, então a sua concentração de iões de hidrogénio aumenta 10 vezes. A água pura tem um pH neutro de 7. Neutro significa que tudo o que é inferior a 7 é ácido e tudo o que é superior a 7 é básico ou alcalino. O pH do vinagre depende da quantidade de ácido presente no vinagre. A maior parte do vinagre comercial é uma solução a 5 por cento e, por conseguinte, terá um pH de 2,4.

pH de líquidos comuns

Liquid	pH
Blood	7.400
Sea Water	7.360
Distilled Water	7.000
Milk	6.700
Normal Rain	5.700
Acid Rain	5.200
Tomato Juice	4.200
Mug Root Beer	4.038
Orange Juice	3.500
Sprite	3.298
7 Up	3.202
Grapefruit Juice	3.150
Apple Juice	3.100
Dr Pepper	2.899
Pepsi	2.530
Coke	2.525
Stomach Acid	2.500
Vinegar	2.400
RC Cola	2.387
Sulfuric Acid	000.3
Hydrochloric Acid	000.1

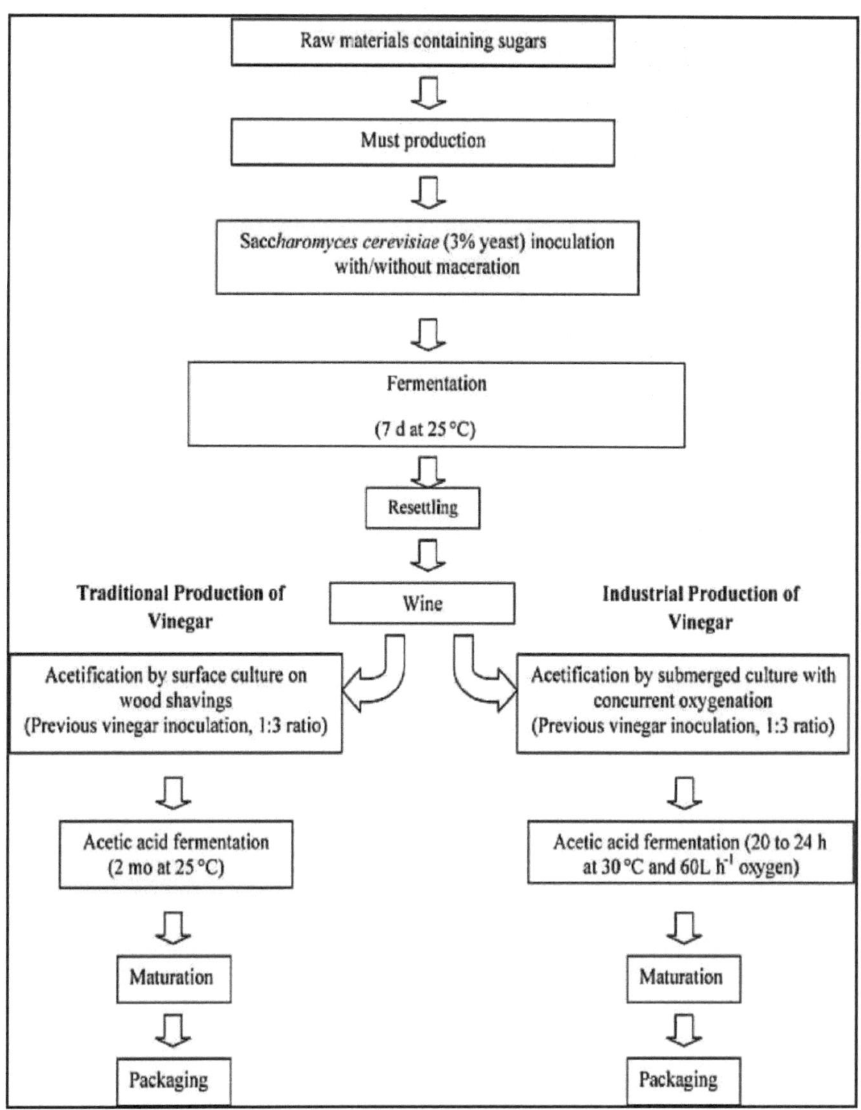

Figura 1. Métodos gerais de produção de vinagre.

Tabela 1. Variedades de vinagre produzidas em diferentes países

Vinegar varieties	Major production countries
Apple cider vinegar	World wide
Balsamic vinegar	Italy
Beer vinegar	Germany
Cane vinegar	Philippines
Champagne vinegar	France, United States
Coconut vinegar	Southeast Asian
Distilled vinegar	United States
Fruit vinegar	Austria
Kombucha vinegar	Japan
Malt vinegar	England
Potato vinegar	Japan
Red wine vinegar	World wide
Rice vinegar	United States, Taiwan
Sherry vinegar	Spain
Spirit vinegar	Germany
Tarragon vinegar	United States
White wine vinegar	Turkey, Italy

Tabela 3. Ácidos orgânicos em diferentes tipos de vinagres

Vinegars	Organic acids
Alcohol vinegar	Acetic acid
Cider vinegar	Acetic, citric, formic, lactic, malic, succinic acids
Malt vinegar	Acetic, citric, lactic, and succinic acids
Plum vinegar	Acetic, tartaric, and lactic acids
Sherry vinegar	Acetic, tartaric, lactic, malic, and citric acids
Tomato vinegar	Acetic, citric, formic, lactic, malic, and succinic acids
Traditional Balsamic vinegar	Malic, tartaric, citric, and succinic acids
Wine vinegar	Acetic, citric, formic, lactic, malic, succinic, and tartaric acids

Tabela 4. Compostos fenólicos em vários tipos de vinagre

Vinegar types	Phenolic compounds	Total polyphenolic index (mg/L GAE)
Apple cider vinegar	Gallic acid, catechin, epicatechin, chlorogenic acid, caffeic acid, and p-coumaric acid	400 to 1000
Grape vinegar	Gallic acid, catechin, epicatechin, chlorogenic acid, caffeic acid, syringic acid, and ferulic acid	2000 to 3000
Sherry vinegar	Gallic acid, protocatechuic acid, protocatechualdehyde, tyrosol, p-OH-benzoic acid, catechin, p-OH-benzaldehyde, siringic acid, vanillin, caftaric acid, cis-p-coutaric acid, trans-p-coutaric acid, fertaric acid, caffeic acid, cis-p-coumaric acid, trans-p-coumaric acid, i-ferulic acid, ferulic acid.	200 to 1000
Traditional Balsamic vinegar	Furan-2-carboxylic acid, 5-hydroxyfuran-2-carboxylic acid, 4-hydroxybenzoic acid, vanillic acid, protocatechuic acid, syringic acid, isoferulic acid, p-coumaric acid, gallic acid, ferulic acid, and caffeic acid	

Uma conclusão que é alcançada a partir da nossa pesquisa explica a eficiência óbvia do uso da mistura ACV-AO na cura da infestação de piolhos em gatos, isto foi abrir o caminho para fazer muitos estudos subsequentes e profundos nos níveis biológico, farmacêutico e tecnológico para provar que o uso desta mistura será confirmando o seu sucesso, eficazmente e construtivamente sem efeitos colaterais registrados especialmente quando aplicado em casos de infestações de piolhos de humanos.

Referências:

1- عمر، أحمد مختار (2008). معجم اللغة العربية المعاصرة. عالم الكتب – القاهرة. ص: 690.

2- مجمع اللغة العربية (2004). المعجم الوسيط. مكتبة الشروق الدولية- القاهرة. ص:253.

3- Nakayama,T. (1959). Estudos sobre bactérias do ácido acético I. Estudos bioquímicos sobre a oxidação do etanol. O jornal de bioquímica: Vol.: 46, No.: 9, P: 1217-1225.

4- Tan, S. C. (2005). FERMENTAÇÃO DO VINAGRE. Uma tese de mestrado. Universidade Estadual da Louisiana. Faculdade de Agricultura e Mecânica.

5- Piyasena, P., M. Rayner, F.M. Bartlett, X. Lu, e R.C. McKellar (2002). Characterization of Apples and Apple Cider Produced by a Guelph Area Orchard. LWT - Ciência e Tecnologia Alimentar. Volume 35. Edição 7, Páginas: 622-627.

6- Budak N. H., Kumbul D. D., Savas C. M., Seydim A. C., Kok T. T., Ciris M. I. e Guzel-Seydim Z. B. (2011). Efeitos dos vinagres de sidra de maçã produzidos com diferentes técnicas nos lípidos sanguíneos em ratos alimentados com colesterol elevado.J Agric Food Chem. ;59(12):6638-44.

7- Renard, C.M.G.C., Le Quere, J.M, Bauduin, R., Symoneaux, R., Le Bourvellec, C., Baron, A. (2010). Modulação da composição polifenólica e das propriedades organolépticas dos sumos de maçã através da manipulação das condições de prensagem. Química Alimentar, 124:117125.

8- Picinelli, A., Suarez, B., Moreno, J., Rodriguez, R., Caso-Garda, L.M., Mangas, J.J. (2000). Caracterização química da sidra asturiana. Journal of Agricultural and Food Chemistry, 48:3997-4002.

9- Dabija, A., C. A. Hatnean (2014).Estudo relativo à qualidade do vinagre de maçã obtido através do método clássico. Journal of Agroalimentary Processes and Technologies , 20(4), 304-310.

10-Bragg, P., P. C. Bragg (2008).Apple Cider Vinegar: Miracle Health System. (56 th edn.).Bragg Health Sciences, USA. ISBN: 0877901006-978.

11-Holzapfel, C. (2002).Apple Cider Vinegar: For Weight Loss and Good Health. (3rd edn.).Book Publishing Company, UK. ISBN: 9781570671272.

12-Wilson, S. M., Le Maguer, M., Duitschaever, C., Buteau, C. e Allen, O. B. (2003). Effect of processing treatments on the characteristics of juices and still ciders from Ontario-grown apples. Journal of the Science of Food and Agriculture, 83: 215224.

13- Rose, V. (2006). Apple Cider Vinegar: History and Folklore-Composition- Medical

Research-Medicinal, Cosmetic, and Household Uses-Commercial and Home Production. (1-st edn.). iUniverse, Inc., USA. ISBN: 978-0595412372.

14- Orey, C. (2000). The Healing Powers of Vinegar: A Complete Guide to Nature's Most Remarkable Remedy. (1ª ed.). Kensington, EUA. ISBN:9781575666099.

15- Mindell, E. (2002). Dr. Earl Mindell's Amazing Apple Cider Vinegar. (1-st edn.). McGraw Hill Professional, EUA. ISBN: 9780071821216.

16- Ostman, E., Granfeldt, Y., Persson, L., Bjork, I. (2005). A suplementação com vinagre reduz as reacções da glicose e da insulina e aumenta a saciedade após uma refeição de pão em indivíduos saudáveis. Jornal Europeu de Nutrição Clínica, 59:983-988.

17- Khallouki, F; Younos, C; Soulimani, R; Oster, T; Charrouf, Z; Spiegelhalder, B; Bartsch, H; Owen, RW (2003). "O consumo de óleo de argão (Marrocos), com o seu perfil único de ácidos gordos, tocoferóis, esqualeno, esteróis e compostos fenólicos, deve conferir valiosos efeitos quimiopreventivos do cancro". *Jornal Europeu de Prevenção do Cancro*. **12** (1): 67-75.

18- Charrouf, Z. e Guillaume, D. (2008). "Óleo de argão: Ocorrência, composição e impacto na saúde humana". *Jornal Europeu de Ciência e Tecnologia dos Lípidos*. **110** (7): 632.

19- Koch T., Brown M., Selim P., e Isam C. (2001). Towards the eradication of head lice: literature review and research agenda.J Clin Nurs.;10(3):364-71.

20- Maunder, J. W. (1983). "The Appreciation of Lice". Actas da Instituição Real da Grã-Bretanha (Londres) 55: 1-31.

21- Kittler R., Kayser M, Stoneking M (agosto de 2003). "Evolução molecular do Pediculus humanus e a origem do vestuário". Current Biology 13 (16): 1414-7.

22- Buxton, Patrick A. (1947). "A anatomia do Pediculus humanus". The Louse; an account of the lice which infest man, their medical importance and control (2nd ed.). Londres: Edward Arnold. pp. 5-23.

23- Salant, H., Mumcuoglu, K. Y. e Baneth, G. (2014). Ectoparasitas em gatos vadios urbanos em Jerusalém, Israel: diferenças nos padrões de infestação de pulgas, carrapatos e ectoparasitas permanentes. Entomologia Médica e Veterinária; 28(3): 314-318.

24- Aguiar, J., Machado, M. L., Ferreira, R. R., Ramos, R. Z., Hunning's P. S. e Muschner, A. C. (2009). Infestação mista por *Lynxacarus radovskyi* e *Felicola subrostratus* em um gato em Porto Alegre, RS, Brasil. Ata Scientiae Veterinari; 37(3): 301-305.

25- Starkey, L. A. e Stewart, J. (2015). Recomendações do conselho de parasitas de animais de companhia: Artrópodes felinos. *Today Vet Pract.* 59-63.

26- Busvine, J. (2012). Transmissão de Doenças por Insectos: Its Discovery and 90 Years of Effort to Prevent it.(1-st edn.). Springer Science & Business Media, EUA. ISBN:9783642457166.

27- Serviço, M. (2012). Entomologia médica para estudantes. (5-th edn.). Cambridge University Press; Reino Unido. ISBN:9781107380226.

28- Goddard, J. (2009). Infectious Diseases and Arthropods. (1-st edn.).Springer Science & Business Media, USA. ISBN: 9781603274005.

29- Gerber, F.; Krummen, M.; Potgeter, H.; Roth, A.; Siffrin, C.; Spoendlin, C. (2004). "Aspectos práticos da cromatografia líquida de alta eficiência de fase reversa rápida usando colunas com partículas de 3μm e colunas monolíticas no desenvolvimento e produção farmacêutica trabalhando sob as boas práticas de fabricação atuais". *Journal of Chromatography A*. **1036** (2): 127-133.

30- Box, G. E.; Hunter, W. G.; Hunter, J. S. (2005). Statistics for Experimenters: Design, Innovation, and Discovery (2ª ed.). Wiley. ISBN 0-471-71813-0.

31- Mowatt, Twig (2012) Inspired by Insect Cuticle, Wyss Researchers Develop Low-Cost Material with Exceptional Strength and Toughness. Instituto Wyss, Universidade de Harvard.

32- Fernandez JG, Ingber DE. Unexpected Strength and Toughness in ChitosanFibroin Laminates Inspired by Insect Cuticle. Materiais Avançados [Internet]. 2012;24 :480-484.

33- Rebers JE , Willis JH (2001). Um domínio conservado em proteínas cuticulares de artrópodes liga a quitina. Insect Biochemistry and Molecular Biology. 31(11):1083-1093.

34-James L. Nation, Sr. (2015). Fisiologia e Bioquímica de Insectos. (3 rd edn). CRC Press, EUA. ISBN: 9781482247602.

35- Sharma, A. K. (2012). Anatomia e Fisiologia dos Insectos. (1ˢᵗ edn). Jaipur Publishing House, Índia. ISBN: 9789350300435.

36- Acton, Q. Ashton (2012). Doenças parasitárias da pele - Avanços na pesquisa e no tratamento. (1 st edn). Scholarly Editions, EUA. ISBN: 9781481610612.

37- Winston, Judith (2012). Descrevendo Espécies: Procedimento taxonómico prático para biólogos. (1 st edn). Columbia University Press, EUA. ISBN: 9780231506656.

38- Schmidt, Diane (2014). Usando a literatura biológica: Um Guia Prático. (4 th edn). CRC Press, EUA. ISBN: 9781466558571.

39- Feroz, Muhammad Zain, Ali Feroz Khan, Muhammad Awais Ashraf, Muhammad Umer Qadeer, Hafiz Muhammad Adnan (2015).Produção de ácido etanoico por oxidação do etanol.International Journal of Chemical Studies; 4(1): 46-47.

40- Dabija, A. e C. A. Hatnean (2014).Estudo relativo à qualidade do vinagre de maçã obtido através do método clássico.Journal of Agroalimentary Processes and Technologies 2014, 20(4), 304-310.

41- Chibishev A., Simonovska N. e Shikole A. (2010). Lesões pós-corrosivas do trato gastrointestinal superior. Contribuições, Sec. Biol. Med. Sci., MASA, XXXI, 1, p. 297-316.

42- Chibishev, A., A. Sikole, Z. Pereska, V. Chibisheva, N. Simonovska, e N. Orovchanec (2013). Comprometimento grave da função renal em pacientes adultos agudamente envenenados com ácido acético concentrado. Arh Hig Rada Toksikol;64:153-158.

43- Thomann, W. R. (2003). Segurança química no tratamento, utilização e investigação em animais.ILAR J (2003) 44 (1): 13-19.

44-De Fremicourt,M.K., R. Lavocat , M. Chaouat , D. Boccara, O. Marco e M. Mimoun (2015). Como tratar uma queimadura vaginal devido ao ácido acético?.European Journal of Plastic Surgery, Volume 38, Edição 4, pp 335-338.

45- Duraipandiyan, V., M. Ayyanar e S. Ignacimuthu (2006). Atividade antimicrobiana de algumas plantas etnomedicinais utilizadas pela tribo Paliyar de Tamil Nadu, Índia. BMC Complementary and Alternative Medicine, Vol: 6; 35.

46- Johnston, C. S. e Cindy A. Gaas (2006). Vinegar: Medicinal Uses and Antiglycemic Effect.MedGenMed. 2006; 8(2): 61.

47- Cortesia, C., C. Vilcheze, A. Bernut, W. Contreras, K. Gomez, J. de Waard, W. R. Jacobs Jr., L. Kremerc e H. Takiff (2014). O ácido acético, o componente ativo do vinagre, é um desinfetante tuberculocida eficaz. mBio vol. 5, no. 2 e00013-14.

48- Alomar, M. J. (2014). Factores que afectam o desenvolvimento de reacções adversas a medicamentos (artigo de revisão).Saudi Pharmaceutical Journal, Volume 22, Edição 2, Páginas 83-94.

49- Kass-Bartelmes, Barbara L. e Lynn Bosco (2014). Reduzir os custos e melhorar os resultados. Agência para a Investigação e Qualidade dos Cuidados de Saúde, Investigação em Ação, Edição 8. Publicação n.º 02-0045.

50- Monfalouti, H. E., Guillaume, D., Denhez, C. e Charrouf, Z. (2010). "Potencial terapêutico do óleo de argão: uma revisão". *JPharm Pharmacol.* **62** (12): 1669-75.

51- El Babili, F., Bouajila, J., Fouraste, I., Valentin, A., Mauret, S. e Moulis, C. (2010). "Estudo químico, actividades antimaláricas e antioxidantes, e citotoxicidade para células de cancro da mama humano (MCF7) de Argania spinosa". *Fitomedicina*. **17** (2): 15760.

Artigos de apoio:

- Abe K, Kushibiki T, Matsue H. 2007. Geração de α-glicano neutro de tamanho médio ativo antitumoral na fermentação de vinagre de maçã. Biosci Biotechnol Biochem 71:2124-29.

- Adams MR. 1985. Vinagre. In: Wood BJB, editor. Microbiology of fermented foods. New York: IFT Press. p 1-45.

- Alonso AM, Castro R, Rodriguez MC, Guillen DA, Barroso CG. 2004. Estudo do poder antioxidante de brandies e vinagres derivados de vinhos de Xerez e correlação com o seu conteúdo em polifenóis. Food Res Intl 37:715-21.

- Bartowsky EJ, Henschke PA. 2008. Bactérias do ácido acético deterioram o vinho tinto engarrafado; uma revisão. Int J Food Microbiol 125:60-70.

- Beaglehole R. 2001. Global cardiovascular disease prevention: time to get serious. Lancet 358:661-3.

- Berliner JA, Heinecke JW. 1996. The role of oxidized lipoproteins in atherogenesis. Free Radic Biol Med 20:707-27.

- Bielecki S, Krystynowicz A, Turkiewicz M, Kalinowska H. 2000. Celulose bacteriana. In: Steinbuchel A, editor. Biopolymers: polysaccharides I. Munster, Alemanha: Wiley-VCH Verlag GmbH. p 37-90.

- Bjornsdottir K, Breidit JF, McFeeters RF. 2006. Efeito protetor dos ácidos orgânicos na sobrevivência de Escherichia coli O157:H7 em ambientes ácidos. Appl Environ Microbiol 72:660-4.

- Blackburn CV, McClure PJ. 2002. Modelação do crescimento, sobrevivência e morte de agentes patogénicos bacterianos nos alimentos, Modelos cinéticos de crescimento. In: Blackburn CV, editor. Foodborne pathogens. New York: WoodHead Publishing, p 56-72.

- Booth IR, Kroll RG. 1989. A preservação de alimentos por pH baixo. In: Gould GW, editor. Mechanisms of action of food preservation procedures (Mecanismos de ação dos procedimentos de conservação de alimentos). New York: Elsevier Science Publishers. p 119-60.

- Brennan M, Port GL, Gormley R. 2000. Tratamento pós-colheita com ácido cítrico ou peróxido de hidrogénio para prolongar o prazo de validade dos cogumelos frescos fatiados. Lebensm Wiss Technol 33:285-9.

- Brighenti F, Castellani G, Benini L, Leopardi E, Crovetti R, Testolin G. 1995. Effect of neutralized and native vinegar on blood glucose and acetate responses to a mixed meal in healthy subjects. Eur J Clin Nutr 49:242-7.

- Brul S, Coote P. 1999. Agentes conservantes em alimentos: modo de ação e mecanismo de resistência microbiana. Intl J Food Microbiol 50:1-17.

- Buchanan RL, Edelson SG. 1996. Cultura de Escherichia coli enterohemorrágica na presença e ausência de glucose como meio simples de avaliar a tolerância ácida de células em fase estacionária. Appl Environ Microbiol 62:400913.

- Budak HB, Guzel-Seydim ZB. 2010. Atividade antioxidante e teor fenólico de vinagres de vinho produzidos por duas técnicas diferentes. J Sci Food Agric 90:2021-6.

- Budak HN. 2010. Uma investigação sobre as propriedades composicionais e funcionais de vinagres produzidos a partir de maçã e uva [tese de doutoramento]. 190p. Isparta, Turquia: Universidade Suleyman Demirel.

- Budak HN, Kumbul Doguc D, Savas CM, Seydim AC, Kok Tas T, Ciris IM, Guzel-Seydim ZB. 2011. Efeitos dos vinagres de sidra de maçã produzidos com diferentes técnicas nos lípidos sanguíneos em ratos alimentados com colesterol elevado. J Agric Food Chem 59:6638-44.

- Buonocore G, Perrone S, Tataranno MN. 2010. Toxicidade do oxigénio: química e biologia das espécies reactivas de oxigénio. Semin Fetal Neonatal Med 15:186-90.

- Caligiani A, Acquotti D, Palla G, Bocchi V. 2007. Identificação e quantificação dos principais componentes orgânicos dos vinagres por espetroscopia H NMR de alta resolução. Anal Chim Ata 585:110-19.

- Callejon RM, Tesfaye W, Torija MJ, Mas A, Troncoso AM, Morales ML. 2008. Determinação por HPLC de aminoácidos com derivatização AQC em vinagres ao longo de acetificações submersas e de superfície e sua relação com a microbiota. Eur Food Res Technol 227:93-102.

- Chan E, Ahmed TM, Wang M, Chan JCM. 1993. História da medicina e da nefrologia na Ásia. Am J Nephrol 14:295-301.

- Chang J, Fang TJ. 2007. Survival of Escherichia coli O157:H7 and Salmonella enterica serovars typhimurium in iceberg lettuce and the antimicrobial effect of rice vinegar against E. coli O157:H7. Food Microbiol 24:745-51.

- Chen C, Chen F. 2009. Estudo sobre as condições de produção de vinagre de arroz com elevado teor de ácido γ-amino-butírico através da metodologia de superfície de resposta. Food Bioprod Process 87:334-40.

- Cheng HY, Ye RC, Chou CC. 2003. Aumento da tolerância ao ácido de Escherichia coli O157:H7 por tempo de adaptação ao ácido e condições de desafio ácido. Food Res Intl 36:49-56.

- Cocchi M, Durante C, Garndi M, Lambertini P, Manzini D, Marchetti A. 2006. Determinação simultânea de açúcares e ácidos orgânicos em vinagres envelhecidos e análise quimiométrica de dados. Talanta 69:1166-75.

- Critchley JA, Capewell S. 2003. Mortality risk reduction associated with smoking cessation in patients with coronary heart disease: a systematic review. J Am Med Assoc 290:86-105.

- Davalos A, Bartolome B, Gomez-Cordoves C. 2005. Propriedades antioxidantes de sumos de uva e vinagres comerciais. Food Chem 93:325-30.

- Dohar JE. 2003. Evolução das abordagens de gestão da otite externa. Pediatr Infect Dis J 22:299-308.

- Ebihara K, Nakajima A. 1988. Effect of acetic acid and vinegar on blood glucose and insulin responses to orally administered sucrose and starch. Agric Biol Chem 52:311-2.

- Ebrahim S, Davey-Smith G. 2001. Exportar o fracasso? Coronary heart disease and stroke in developing countries. Intl J Epidemiol 30:201-5.

- Entani E, Asai M, Tsujihata S, Tsukamoto Y, Ohta M. 1998. Antibacterial action of vinegar against food-borne pathogenic bacteria including Escherichia coli O157:H7. J Food Prot 61:953-9.

- Escudero ME, Velazquez L, Di Genaro MS, Guzman MS. 1999. Eficácia de vários desinfectantes na eliminação de Yersinia enterocolitica em alface fresca. J Food

Prot 62:665-9.

- Fang TJ, Hsueh YT. 2000. Effect of chelators, organic acid and storage temperature on growth of Escherichia coli O157:H7 in ground beef treated with nisin, using response surface methodology. J Food Drug Anal 8:187-94.

- FAO/OMS. (1982). Projeto de norma regional europeia para o vinagre. Comissão do Codex Alimentarus. Alinorm 87/19, apêndice II. 34-8.

- Fernandez-Mar MI, Mateos R, Garda-Parrilla MC, Puertas B, Cantos-Villar E. 2012. Compostos bioactivos no vinho: resveratrol, hidroxitirosol e melatonina. A review. Food Chem 130:797-13.

- Fernandez-Perez R, Torres C, Sanz S, Ruiz-Larrea F. 2010. Tipagem de estirpes de bactérias do ácido acético responsáveis pela produção de vinagre pelo método de elaboração submersa. Food Microbiol 27:973-8.

- Fukami H, Tachimoto H, Kishi M, Kaga T, Tanaka Y, Koga Y, Shirasawa T. 2009. Ingestão contínua de bactérias de ácido acético: efeito na função cognitiva em pessoas saudáveis de meia-idade e idosas. Anti Aging Med 6:60-5.

- Fukami H, Tachimoto H, Kishi M, Kaga T, Tanaka Y. 2010. Os lípidos bacterianos de ácido acético melhoram a função cognitiva em ratos modelo de demência. J Agric Food Chem 58:4084-9.

- Fukushima M, Ohashi T, Sekikawa M, Nakano M. 1999. Comparative hypocholesterolemic effects of five animal oils in cholesterol-fed rats. Biosci Biotechnol Biochem 63:202-5.

- Fushimi T, Sato Y. 2005. Effect of acetic acid feeding on the circadian changes in glycogen and metabolites of glucose and lipid in liver and skeletal muscle of rats. Br J Nutr 94:714-9.

- Fushimi T, Tayama K, Fukaya M, Kitakoshi K, Nakai N, Tsukamoto Y, Sato Y. 2002. The efficacy of acetic acid for glycogen repletion in rat skeletal muscle after exercise (A eficácia do ácido acético na reposição de glicogénio no músculo esquelético do rato após o exercício). Intl J Sports Med 23:218-22.

- Fushimi T, Suruga K, Oshima Y, Fukiharu M, Tsukamoto Y, Goda T. 2006. O ácido acético dietético reduz o colesterol sérico e os triacilgliceróis em ratos alimentados com uma dieta rica em colesterol. Br J Nutr 95:916-24.

- Garcia-Parilla MC, Gonzalez GA, Heredia FJ, Troncoso AM. 1997. Diferenciação dos vinagres de vinho com base na composição fenólica. J Agric Food Chem 45:3487-92.

- Giudici P, Gullo M, Solieri L. 2009. Vinagre balsâmico tradicional. In: Solieri L, Giudici P, editores. Vinegars of the World. Milão, Itália: Springer. p 157-77.

- Giugliano D. 2000. Dietary antioxidants for cardiovascular prevention. Nutr Metab Cardiovas Dis 10:38-44.

- Gullo M, Caggia C, De Vero L, Giudici P. 2006. Caracterização das bactérias do ácido acético no "vinagre balsâmico tradicional". Int J Food Microbiol 106:20912.

- Gullo M, Giudici P. 2008. Bactérias do ácido acético no vinagre balsâmico tradicional: caraterísticas fenotípicas relevantes para a seleção de culturas de arranque. Intl J Food Microbiol 125:46-53.

- Gonzalez A, Hierro N, Poblet M, Mas A, Guillamon JM. 2005. Aplicação de métodos moleculares para demonstrar a evolução de espécies e estirpes da população de bactérias do ácido acético durante a produção de vinho. Int J Food Microbiol 102:295304.

- Gullo M, De Vero L, Giudici P. 2009. Sucessão de estirpes selecionadas de Acetobacter pasteurianus e outras bactérias do ácido acético no vinagre balsâmico tradicional. Appl Environ Microb 75:2585-89.

- Haruta S, Ueno S, Egawa I, Hashiguchi K, Fujii A, Nagano M, Ishii M, Igarashi Y. 2006. Sucessão de comunidades bacterianas e fúngicas durante uma fermentação tradicional de vinagre de arroz avaliada por eletroforese em gel de gradiente desnaturante mediada por PCR. Int J Food Microbiol 109:79-89.

- Holt JM, Krieg NR, Sneath PHA, Staley JY, Williams ST. 1994. Género Acetobacter e Gluconobacter. In: Wilkens W, editor. Bergey's manual of determinative bacteriology. 9ª ed., Maryland, EUA. Maryland, EUA: The Williams & Wilkins Co. p 71-84.

- Honsho S, Sugiyama A, Takahara A, Satoh Y, Nakamura Y, Hashimoto K. 2005. Uma bebida de vinagre de vinho tinto pode inibir o sistema renina-angiotensina:

evidência experimental in vivo. Biol Pharm Bull 28:1208-10.

- Horiuchi J, Kanno T, Kobayashi M. 1999. Nova produção de vinagre a partir de cebolas. J Biosci Bioeng 88:107-9.

- Hu FB, Stampfer MJ, Mansor JE, Rimm EB, Wolk A, Colditz GA, Hennekens CH, Willett WC. 1999. Dietary intake of alpha-linolenic acid and risk of fatal ischemic heart disease among women. Am J Clin Nutr 69:890-7.

- Iriti M, Faoro F. 2010. Substâncias químicas bioactivas e benefícios para a saúde dos produtos da videira. In: Watson RR, Preedy VR, editores. Bioactive foods in promoting health: fruits and vegetables. New York: Elsevier Inc. p 581-20.

- Ito H. 1978. Vinagre alimentar. J Brew Soc Jpn 73:200-8.

- Johnston CS, Buller AJ. 2005. Vinagre e produtos de amendoim como alimentos complementares para reduzir a glicemia pós-prandial. J Am Diet Assoc 105:1939-42.

- Johnston CS. 2006a. Estratégias para uma perda de peso saudável: From vitamin C to the glycemic response. J Am Coll Nutr 25:158-65.

- Johnston CS. 2006b. Vinagre: usos medicinais e efeito antiglicémico. Med Gen Med 8:61-78.

- Johnston, CS, Gaas CA. 2006. Vinagre: usos medicinais e efeito antiglicémico. MedGenMed. 8(2): 61.

- Johnston CS, Kim CM, Buller AJ. 2004. O vinagre melhora a sensibilidade da insulina a uma refeição rica em hidratos de carbono em indivíduos com resistência à insulina ou diabetes tipo 2. Diabetes Care 27:281-3.

- Chaves A. 1995. Dieta mediterrânica e saúde pública: reflexões pessoais. Am J Clin Nutr 61:1321-3.

- Kondo S, Kuwahara Y, Kondo M, Naruse K, Mitani H, Wakamatsu Y, Ozato K, Asakawa S, Shimizu N, Shima A. 2001a. O locus rs-3 da medaka necessário para o desenvolvimento de escamas codifica o recetor ectodisplasina-A. Current Biol 11:1202-6.

- Kondo S, Tayama K, Tsukamoto Y, Ikeda K, Yamori Y. 2001b. Antihypertensive effects of acetic acid and vinegar on spontaneously hypertensive rats. Biosci

Biotechnol Biochem 65:2690-4.

- Krieger M. 1988. O "melhor" dos colesteróis, o "pior" dos colesteróis: uma história de dois receptores. Proc Natl Acad Sci USA 95:4077-80.

- Krystynowicz A, Czaja W, Pomorski L, Kolodziejczyk M, Bielecki S. 2000. A avaliação da utilidade da celulose microbiana como um material de curativo para feridas. 14º Fórum para a Biotecnologia Aplicada, Actas, Parte 1. Gent, Bélgica: Meded Fac Land-bouwwet-Rijksuniv Gent. p 213-20.

- Laranjinha JA, Almeida LM, Madeira VM. 1994. Reatividade dos ácidos fenólicos da dieta com radicais peroxil: atividade antioxidante na peroxidação das lipoproteínas de baixa densidade. Biochem Pharmacol 48:487-94.

- Lee M, Park YB, Moon S, Bok SH, Kim D, Ha T, Jeong T, Jeong K, Choi M. 2007. Propriedades hipocolesterolémicas e antioxidantes dos derivados do ácido 3-(4-hidroxil)propanoico em ratos alimentados com colesterol elevado. Chem Biol Interact 170:9-19.

- Leeman M, Ostman E, Bjorck I. 2005. O molho de vinagre e o armazenamento a frio de batatas reduzem as respostas glicémicas e insulinémicas pós-prandiais em indivíduos saudáveis. Eur J Clin Nutr 59:1266-71.

- Liljeberg H, Fjorck I. 1998. A taxa de esvaziamento gástrico retardado pode explicar a melhoria da glicemia em indivíduos saudáveis a uma refeição rica em amido com vinagre adicionado. Eur J Clin Nutr 52:368-71.

- Lim S, Yoon JW, Choi SH, Choa BJ, Kim JT, Chang HS, Park HS, Park KS, Lee HK, Kim YB, Jang HJ. 2009. Efeito do ginsam, um extrato de vinagre de Panax ginseng, no peso corporal e na homeostase da glucose num modelo de rato obeso resistente à insulina. Metabolismo 58:8-15.

- Lin WL, Su WW, Cai XY, Luo LK, Li PB, Wang YG. 2011. Efeitos da fermentação de oligossacáridos de Radix Ophiopogonis na diabetes induzida por aloxana em ratos. Intl J Biol Macromol 49:194-200.

- Liu F, He Y. 2009. Aplicação do algoritmo de projecções sucessivas para a seleção de variáveis para determinar os ácidos orgânicos do vinagre de ameixa. Food Chem 115:1430-36.

- Lloyd-Jones D, Adams RJ, Brown TM, Carnethon M, Dai S, Simone GD, Ferguson TB, Ford E, Furie K, Gillespie C, Go A, Greenlund K, Haase N, Hailpern S, Ho PM, Howard V, Kissela B, Kittner S, Lackland D, Lisabeth L, Marelli A, McDermott MM, Meigs J, Mozaffarian D, Mussolino M, Nichol G, Roger VL, Rosamond W, Sacco R, Sorlie P, Stafford R, Thom T, Wassertheil-Smoller S, Wong ND, Wylie-Rosett J. 2010. Estatísticas de doenças cardíacas e AVC - atualização de 2010. Circulation AHA J 121(7):e46.

- Maes M, Galecki P, Chang YS, Berk M. 2011. Uma revisão sobre as vias do stress oxidativo e nitrosativo (O&NS) na depressão major e a sua possível contribuição para os processos (neuro)degenerativos nessa doença. Prog Neuropsychopharmacol Biol Psychiatry 35:676-9.

- Masino F, Chinnici F, Bendini A, Montevecchi G, Antonelli AA. 2008. Estudo das relações entre a avaliação química, física e qualitativa do vinagre balsâmico tradicional. Food Chem 106:90-5.

- Matsuura R, Moriyama H, Takeda N, Yamamoto K, Morita Y, Shimamura T, Ukeda H. 2008. Determinação da atividade antioxidante e caraterização dos fenólicos antioxidantes no extrato de vinagre de ameixa da flor de cerejeira (Prunus lannesiana). J Agric Food Chem 56:544-9.

- Matui Y, Shimizu M, Kyuki K, Takahashi T, Takahashi K. 1998. Efeitos do vinagre de ginseng (panahealth), na deformabilidade dos eritrócitos em ratos espontaneamente hipertensos propensos a acidentes vasculares cerebrais. Jpn Pharmacol Ther 26:23-8.

- Mazza S, Murooka Y. 2009. O vinagre através dos tempos. In: Solieri L, Giudici P, editores. Vinegars of the world. Milão: Springer-Verlag. p 17-39.

- Mejias RC, Marin RN, Moreno MVG. 2002. Otimização da microextracção em fase sólida em headspace para análise de compostos aromáticos em vinagre. J Chromatogr 953:7-15.

- Mermel VL. 2004. Old paths new diretions: the use of functional foods in the treatment of obesity. Trends Food Sci Technol 15:532-40.

- Mimura A, Suzuki Y, Toshima Y, Yazaki S, Ohtsuki T, Ui S, Hyodoh F. 2004.

Indução de apoptose em células de leucemia humana por vinagre de cana-de-açúcar fermentado naturalmente (kibizu) da ilha de Amami Ohshima. Biofactores 22:93-7.

- Morales ML, Gonzalez AG, Troncoso AM. 1998. Determinação cromatográfica por exclusão iónica de ácidos orgânicos em vinagres. J Chromatogr A 822:45-51.

- Nanda K, Miyoshi N, Nakamura Y, Shimoji Y, Tamura Y, Nishikawa Y, Uenakai K, Kohno H, Tanaka T. 2004. O extrato de vinagre "Kurosu" de arroz não polido inibe a proliferação de células cancerígenas humanas. J Exp Clin Cancer Res 23:69-75.

- Nishidai S, Nakamura Y, Torikai K. 2000. Kurosu, um vinagre tradicional produzido a partir de arroz não polido, suprime a peroxidação lipídica in vitro e na pele do rato. Biosci Biotechnol Biochem 64:1909-14.

- Nishikawa Y, Takana Y, Nagai Y, Mori T, Kawada T, Ishihara N. 2001. Efeitos anti-hipertensivos do extrato de Kurosu, um vinagre tradicional produzido a partir de arroz não polido, nos ratos SHR. Nippon Shokuhin Kagaku Kogaku Kaishi 48:73-5.

- Nishino H, Murakoshi M, Mou XY, Wada S, Masuda M, Ohsaka Y, Satomi Y, Jinno K. 2005. Prevenção do cancro por fitoquímicos. Oncologia 69:38-40.

- Ogawa M, Kusano T, Katsumi M, Sano H. 2000a. O homólogo do gene insensível à giberelina do arroz, OsGAI, codifica uma proteína localizada no núcleo capaz de ativar genes a nível transcricional. Gene 245:21-9.

- Ogawa N, Satsu H, Watanabe H, Fukaya M, Tsukamoto Y, Miyamoto Y, Shimizu M. 2000b. O ácido acético suprime o aumento da atividade da dissacaridase que ocorre durante a cultura de células caco-2. J Nutr 130:507-13.

- Ohnami K, Matsuoka E, Okuda T. 1985. Efeitos do Kurosu na pressão arterial de ratos espontaneamente hipertensos. Kiso to Rinsho 19:237-41.

- Ojansivua I, Ferreirab CL, Salminena S. 2011. Yacon, uma nova fonte de oligossacáridos prebióticos com um historial de utilização segura. Trends Food Sci Technol 22:40-6.

- Ostman E, Granfeldt Y, Persson L, Bjorck I. 2005. A suplementação com vinagre reduz as respostas da glicose e da insulina e aumenta a saciedade após uma refeição de pão em indivíduos saudáveis. Eur J Clin Microbiol 59:983-8.

- Ou ASM, Chang RC. 2009. Vinagre de frutas de Taiwan. In: Solieri L., Giudicin P, editores. Vinegars of the world. Milão: Springer-Verlag. p 223-41.

- Parrilla MCG, Heredia FJ, Troncoso AM. 1999. Vinagres de vinho de Xerez: alterações da composição fenólica durante o envelhecimento. Food Res Intl 32:433-40.

- Plessi M, Bertelli D, Miglietta F. 2006. Extração e identificação por GC- MS de ácidos fenólicos em vinagre balsâmico tradicional de Modena. J Food Compost Anal 19:49-54.

- Ramadan MF, Al-Ghamdi A. 2012. Compostos bioactivos e propriedades promotoras de saúde da geleia real: uma revisão. J Funct Foods 4:39-52.

- Rauha JP, Remes S, Heinonen M, Hopia A, Kahkonen M, Kujala T, Pihlaja K, Vuorela H, Vuorela P. 2000. Efeito antimicrobiano de extractos de plantas finlandesas contendo flavonóides e outros compostos fenólicos. Intl J Food Microbiol 56:3-12.

- Rhee MS, Lee SY, Dougherty RH, Kang DH. 2003. Antimicrobial effects of mustard flour and acetic acid against Escherichia coli O157:H7, Listeria monocytogenes, and Salmonella enterica Serovar typhimurium. Appl Environ Microbiol 69:2959-63.

- Ross R. 1999. Atherosclerosis-an inflammatory disease. N Engl J Med 340:115-26.

- Rufian-Henares JA, Morales FJ. 2007. Propriedades funcionais das melanoidinas: actividades antioxidantes, antimicrobianas e anti-hipertensivas in vitro. Food Res Intl 40:995-1002.

- Rutala WA, Barbee SL, Agular NC, Sobsey MD, Weber DJ. 2000. Antimicrobial activity of home disinfectants and natural products against potential human pathogens. Infect Control Hosp Epidemiol 21:33-8.

- Ryu JH, Deng Y, Beuchant LR. 1999. Comportamento de Escherichia coli O157:H7 adaptada e não adaptada ao ácido quando exposta a um pH reduzido obtido com vários ácidos orgânicos. J Food Prot 62:451-5.

- Saiz-Abajo MJ, Gonzalez-Saiz JM, Pizarro C. 2005. Estratégia de otimização multiobjectivo baseada em funções de desejabilidade utilizada para a separação cromatográfica e quantificação de l-prolina e ácidos orgânicos em vinagre. Anal Chim Ata 528:63-76.

- Salbe AD, Johnston CS, Buyukbese MA, Tsitouras PD, Harman SM. 2009. O vinagre não tem ação antiglicémica na absorção enteral de hidratos de carbono em seres humanos. Nutr Res 29:846-9.

- Schuller G, Hertel C, Hammes WP. 2000. Gluconacetobacter entanii sp. nov., isolado de fermentações industriais submersas de vinagre de alta acidez. Intl J Syst Evol Microbiol 50:2013-20.

- Sengun IY, Karabiyikli S. 2011. Importância das bactérias do ácido acético na indústria alimentar. Food Control 22:647-56.

- Sengun IY, Karapinar M. 2004. Eficácia do sumo de limão, do vinagre e da sua mistura na eliminação de Salmonella typhimurium em cenouras (Daucus carota L.). Intl J Food Microbiol 96:301-5.

- Shimoji Y, Kohno H, Nanda K, Nishikawa Y, Ohigashi H, Uenakai K, Tanaka T. 2004. O extrato de Kurosu, um vinagre de arroz não polido, inibe a carcinogénese do cólon induzida pelo azoximetano em ratos F344 machos. Nutr Cancer 49:170-3.

- Shimoji Y, Oishi E, Kitajima T, Muneta Y, Shimizu S, Mori Y. 2002. Expressão de proteínas heterólogas e imunização intranasal de suínos. Infect Immun 70:226-32.

- Sievers M, Swings J. 2005. Família Acetobacteraceae. In: Boone DR, Castenholz RW, Garrity GM, Brenner DJ, Krieg NR, Staley JT, editores. Bergey's Manual of Systematic Bacteriology (Manual de Bacteriologia Sistemática de Bergey). New York: Springer. p 41-95.

- Sokollek SJ, Hertel C, Hammes WP. 1998. Descrição de Acetobacter oboediens sp. nov. e Acetobacter pomorum sp. nov., duas novas espécies isoladas de fermentações industriais de vinagre. Int J Syst Bacteriol 48:935940.

- Sugiyama K, Sakakibara R, Tachimoto H, Kishi M, Kaga T, Tabata I. 2009. Efeitos da suplementação com bactérias de ácido acético nos danos musculares após exercício de intensidade moderada. Anti Aging Med 7:1-6.

- Sugiyama A, Saitoh M, Takahara A, Satoh Y, Hashimoto K. 2003 a. Acute cardiovascular effects of a new beverage made of wine vinegar and grape juice, assessed using an in vivo rat. Nutr Res 23:1291-6.

- Sugiyama M, Tang AC, Wakaki Y, Koyama W. 2003b. Índice glicémico de alimentos de refeição única e mista entre os alimentos japoneses comuns com arroz branco como alimento de referência. Eur J Clin Nutr 57:743-52.

- Svennerholm L. 1994. Gangliosides - um novo agente terapêutico contra o AVC e a doença de Alzheimer. Life Sci 55:2125-34.

- Swings J. 1992. Os géneros Acetobacter e Gluconobacter. In: Balows Truper, Dworkin Harder, Schleifer, editores. The prokaryotes. New York: Springer-Verlag. p 2268-86.

- Tan SC. 2005. Fermentação do vinagre [Tese de Mestrado em Ciências]. Universidade do Estado da Louisiana, Departamento de Ciência Alimentar, Baton Rouge. p 101s.

- Trcek J, Raspor P, Teuber M. 2000. Identificação molecular de isolados de Acetobacter da produção submersa de vinagre, análise da sequência do plasmídeo pJK2-1 e aplicação no desenvolvimento de um vetor de clonagem. Appl Microbiol Biotech 53:289-95.

- Trcek J. 2005. Identificação rápida de bactérias do ácido acético com base em sequências de nucleótidos da região espaçadora transcrita interna do 16S-23S rDNA e do gene da álcool desidrogenase dependente de PQQ. Syst Appl Microbiol 28:735-45.

- Tsuzuki W, Kikuchi Y, Shinohara K, Suzuki T. 1992. Ensaio fluorométrico da atividade inibidora da enzima de conversão da angiotensina I dos vinagres. Nippon Shokuhin Kogyo Gakkaishi 39:188-92.

- Turker I. 1963. Sirke Teknolojisi ve Teknikte Laktik Asit Fermantasyonları. In: Turker I, editor. Ankara, Turquia: Ankara Univ., Schoolbook of Faculty of Agriculture, Ankara Univ. Press. p 181.

- Ubeda C, Hidalgo C, Torija MJ, Mas A, Troncoso AM, Morales ML. 2011. Avaliação da atividade antioxidante e do índice de fenóis totais em vinagres de dióspiro produzidos por diferentes processos. Lwt-Food Sci Technol 44:1591-6.

- Vegas C, Mateo E, Gonzalez A, Jara C, Guillamon JM, Poblet M, Torija MJ, Mas A. 2010. Dinâmica populacional de bactérias do ácido acético durante a produção tradicional de vinagre de vinho. Int J Food Microbiol 138:130-36.

- Verzelloni E, Tagliazucchi D, Conte A. 2007. Relação entre as propriedades antioxidantes e o teor de fenólicos e flavonóides no vinagre balsâmico tradicional. Food Chem 105:564-71.

- Verzelloni E, Tagliazucchi D, Conte A. 2010. Do balsâmico ao saudável: as melanoidinas do vinagre balsâmico tradicional inibem a peroxidação lipídica durante a digestão gástrica simulada da carne. Food Chem Toxicol 48:2097-102.

- Organização Mundial da Saúde. 2014. Programa de Diabetes. Disponível em: http://www.who.int/diabetes/action_online/basics/en/index1.html. Acedido em 8 de janeiro de 2014.

- Wu FM, Doyle MP, Beuchat LR, Wells JG, Mintz ED, Swaminathan B. 2000. Destino de Shigella sonnei na salsa e métodos de desinfeção. J Food Prot 63:568-72.

- Xibib S, Meilan H, Moller H, Evans HS, Dixin D, Wenjie D, Jianbang L. 2003. Risk factors for oesophageal cancer in Linzhou, China: a case-control study. Asian Pac J Cancer Prev 4:119-24.

- Xu QP, Ao ZH, Tao WY. 2004. Atividade antioxidante dos extractos de vinagre aromático de Hengshun. China Brewing 7:16-8.

- Xu QP, Tao WY, Ao ZH. 2005. Bioatividade do sobrenadante de etanol do vinagre. J Food Sci Biotechnol 24:76-80.

- Xu Q, Tao W, Ao Z. 2007. Atividade antioxidante das melanoidinas do vinagre. Food Chem 102:841-9.

- Yamada Y. 2000. Transferência de Acetobacter oboediens e Acetobacter intermedius para o género Gluconacetobacter como Gluconacetobacter oboediens comb. nov. e Gluconacetobacter intermedius comb. nov. Intl J Syst Evol Microbiol 50:2225-7.

- Yamashita H, Fujisawa K, Ito E, Idei S, Kawaguchi N, Kimoto M, Hiemori M, Tsuji H. 2007. Melhoria da obesidade e da tolerância à glucose pelo acetato em ratos

Otsuka Long-Evans Tokushima Fatty (OLETF) diabéticos do tipo 2. Biosci Biotechnol Biochem 71:1236-43.

Printed by Books on Demand GmbH, Norderstedt / Germany